ISSN 0021-1915

16. JAHRGANG · SEITEN 245—276 · BERLIN AUGUST 1980

IPRAX 16 16 (8) 245–276 (1980) 32036

8

isotopenpraxis

EVP 9,— M

AKADEMIE-VERLAG

ISOTOPENPRAXIS

herausgegeben von J. Mühlenpfordt, Berlin · C. F. Weiss, Leipzig

An unsere Autoren

Die Zeitschrift veröffentlicht Beiträge zu folgenden Themen: Kontrolle und Analyse radioaktiver und stabiler Isotope, Anwendung radioaktiver und stabiler Isotope in allen Gebieten der Forschung und Technik, der Industrie, Landwirtschaft und Medizin, Herstellung radioaktiver und stabiler Isotope sowie von markierten Verbindungen, kernelektronische Geräte für die Isotopenanwendung (Dickenmesser, Dichtemesser u. ä.) Detektoren für isotopentechnische Arbeiten und den Strahlenschutz in Isotopenlaboratorien, Meßtechnik und Strahlenschutz, Dosimetrie in Isotopenlaboratorien, kerntechnische Geräte für die Isotopenanwendung (Beton, Bestrahlungsanlagen u. ä.), Strahlenchemie, Radiochemie, ökonomische und perspektivische Fragen, Fragen der Weiterbildung.

1. Aufnahme von Manuskripten

Zur Veröffentlichung angenommen werden nur druckreife, noch nicht anderweitig publizierte Beiträge in deutscher, englischer oder russischer Sprache zum Themenbereich der Zeitschrift und zwar

Originalarbeiten
Kurze Originalmitteilungen
Aus der Praxis
Zusammenfassende Berichte
Tagungsberichte
Informationen.

Sind der Beitrag oder Teile daraus bereits veröffentlicht oder ist eine anderweitige Veröffentlichung vorgesehen, so muß dies der Redaktion mit genauer Angabe der Zweitveröffentlichung mitgeteilt werden. Mit der Annahme des Manuskriptes behält sich der Verlag das Recht der Vervielfältigung, Verbreitung und Übersetzung innerhalb der gesetzlichen Schutzfrist vor. Auszugsweiser Nachdruck oder photomechanische u. a. Wiedergabe sind an eine schriftliche Genehmigung des Verlages gebunden. Manuskripte, Zeichnungen und Photos von veröffentlichten Arbeiten werden nur auf den besonderen und bis zum Zeitpunkt der Veröffentlichung mitgeteilten Wunsch des Autors zurückgesandt.

Bei der unverlangten Einreichung von Manuskripten wird empfohlen, eine Befürwortung eines der Herausgeber oder Redaktionsausschußmitglieder beizufügen.

Manuskripte sind einzureichen bei der Redaktion, DDR-1080 Berlin, Leipziger Str. 3–4.

2. Form der Manuskripte

Die Autoren werden gebeten:

2 Manuskripte, eines davon in Original-Maschinenschrift, einseitig und mit 2zeiligem Abstand einzureichen; gut leserliche Photokopien sind zulässig; auf dem 1. Blatt (unter Weglassung der Bezeichnung)

den Titel der Arbeit
Vorname-Initialen und Namen sämtlicher Autoren
gegebenenfalls die Institution, in der sie tätig sind
eine kurze Zusammenfassung der Arbeit von höchstens 15 Zeilen
Keywords in alphabetischer Reihenfolge und
als Fußnote die Anschrift der Institution anzugeben;

wenn möglich auf gesonderten Blättern Namen, Titel der Arbeit und Zusammenfassung in den beiden anderen obengenannten Sprachen 2fach beizufügen;

Literaturhinweise (fortlaufend numeriert), Fußnoten, Tabellen, Abbildungen (in etwa 2facher Veröffentlichungsgröße), Abbildungsunterschriften (getrennt von den Abbildungen, mit Zeichenerklärungen, Quellenangaben, falls erforderlich, und gegebenenfalls mit einem Vermerk für besondere Wünsche bezüglich der Abbildungsgröße), private und Dienstanschrift der Verfasser mit akademischen Titeln und ausgeschriebenen Vornamen auf besonderen Blättern ans Ende des Manuskriptes zu stellen;

Wünsche für den Kolumnentitel (Seitenüberschrift) bekanntzugeben;
Absätze durch Einzüge von mindestens 3 Anschlägen kenntlich zu machen;
die Maßeinheiten des SI-Systems ("Systéme International") zu verwenden;
Korrekturen im Manuskript unmittelbar an der zu korrigierenden Stelle anzubringen;
Formeln deutlich lesbar und möglichst groß einzutragen;
Farbabbildungen und nachträgliche Änderungen oder Ergänzungen in Abbildungen zu vermeiden;
hervorzuhebende Textstellen zu unterstreichen, und zwar halbfetten Satz mit einer geraden schwarzen Linie, kursiven Satz (Schrägschrift) mit einer blauen Wellenlinie (alle Eigennamen). Sperrungen gestrichelt;
besondere Buchstaben durch farbige Unterstreichung zu kennzeichnen, und zwar Formelzeichen in

Griechisch-Kursiv ($\alpha, \beta, \ldots$) rot,
Kursiv ($A, B, \ldots$) blau
halbfetter Kursiv ($\boldsymbol{A}, \boldsymbol{B}, \ldots$) 2 Linien blau (Vektoren),
halbfetter Grotesk ($\mathsf{\mathbf{A}}, \mathsf{\mathbf{B}}, \ldots$) 2 Linien violett (Tensoren);

bei Literaturangaben auf Vollständigkeit zu achten. In nachstehender Reihen folge müssen angegeben sein:

a) bei *Zeitschriften*: Vorname-Initialen und Namen sämtlicher Autoren, Titel der Zeitschrift (nach „Periodica Chimica" oder möglichst wenig gekürzt), Bandnummer (unterstrichen), Jahreszahl (in Klammern), Heftnummer (nur bei Zeitschriften, die jedes Heft mit S. 1 beginnen) sowie die Seitenzahl, auf der die zitierte Arbeit beginnt.

b) bei *Büchern*: Initialen der Vornamen und Name des Autors (Herausgeber werden durch den Zusatz „ed." gekennzeichnet), voll ausgeschriebener Titel des Buches in der Originalsprache, evtl. Bandnummer, voll ausgeschriebener Name des Verlages, Nummer der Auflage (außer der ersten), Erscheinungsort(e), Erscheinungsjahr (hier nicht in Klammern setzen!) und evtl. Kapitelnummer, Seitenzahl u. ä.

c) bei *Sammelbänden, Tagungsberichten*: Es soll zusätzlich der Titel des zitierten Beitrags angegeben werden. Die Seitenzahl muß unbedingt angegeben werden. Aus dem Zitat muß hervorgehen, ob es sich um einen Tagungssammelband oder um einen noch nicht veröffentlichten Vortrag handelt. Zwischen Tagungsort und Erscheinungsort des entsprechenden Tagungsberichts ist zu unterscheiden.

3. Korrekturen

Der Autor erhält zwei Umbruchabzüge, von denen einer möglichst schnell korrigiert an die Redaktion zurückgereicht werden soll. Auf Wunsch des Autors kann die Korrektur auch von der Redaktion gelesen werden.

Durch nachträgliche Manuskriptänderungen verursachte Korrekturkosten gehen, sofern sie 10% der Satzkosten übersteigen zu Lasten des Autors.

Der Autor erhält 50 Sonderdrucke kostenlos. Weitere Sonderdrucke können bis zur Rückgabe der Korrekturabzüge auf Kosten des Autors bei der Redaktion bestellt werden.

Bezugsmöglichkeiten

Bestellungen sind zu richten

- **in der DDR** an den Postzeitungsvertrieb; an eine Buchhandlung oder an den AKADEMIE-VERLAG, DDR-1080 Berlin, Leipziger Straße 3–4
- **im sozialistischen Ausland** an eine Buchhandlung für fremdsprachige Literatur oder an den zuständigen Postzeitungsvertrieb
- **in der BRD und Westberlin** an eine Buchhandlung oder an die Auslieferungsstelle KUNST UND WISSEN, Erich Bieber, 7000 Stuttgart 1, Wilhelmstraße 4–6
- **in Österreich** an den Globus-Buchvertrieb, 1201 Wien, Höchstädtplatz 3
- **in den übrigen westeuropäischen Ländern** an eine Buchhandlung oder an die Auslieferungsstelle KUNST UND WISSEN, Erich Bieber GmbH, CH-8008 Zürich/Schweiz, Duforstraße 51
- **im übrigen Ausland** an den Internationalen Buch- und Zeitschriftenhandel; den Buchexport, Volkseigener Außenhandelsbetrieb der Deutschen Demokratischen Republik, DDR-7010 Leipzig, Postfach 160, oder an den AKADEMIE-VERLAG, DDR-1080 Berlin, Leipziger Straße 3–4

Zeitschrift „Isotopenpraxis"

Herausgeber: Im Auftrag des Akademie-Verlages herausgegeben von Prof. Dr. Justus Mühlenpfordt und Prof. Dr. Carl Friedrich Weiss
Verlag: Akademie-Verlag, DDR-1080 Berlin, Leipziger Straße 3–4; Fernruf 2 23 62 21 oder 2 23 62 29; Telex-Nr. 114 420;
Bank: Staatsbank der DDR, Berlin, Kto.-Nr.: 6836-26-20712
Chefredakteur: Dr. Klaus Uhlig, Berlin
Anschrift der Redaktion (Fernruf: 6 35 11 77) der Zeitschrift Isotopenpraxis: Akademie-Verlag, DDR-1080 Berlin, Leipziger Str. 3–4
Veröffentlicht unter der Lizenznummer 1527 des Presseamtes beim Vorsitzenden des Ministerrates der Deutschen Demokratischen Republik
Gesamtherstellung: VEB Druckerei „Thomas Müntzer", DDR-5820 Bad Langensalza
Erscheinungsweise: Die Zeitschrift „Isotopenpraxis" erscheint monatlich. Die 12 Hefte eines Jahrganges bilden einen Band. Bezugspreis je Band 180,– M zuzüglich Versandspesen (Preis für die DDR 108,– M), Preis je Heft 15,– (Preis für die DDR 9,– M)
Bestellnummer dieses Heftes: 1079/16/8

AN (EDV) 12881

ISOTOPENPRAXIS ISSN 0021-1915

Band 16 (1980) Heft 8, S. 245–276

Redaktion und Verlag: Akademie-Verlag, Redaktion Isotopenpraxis, 1080 Berlin, Leipziger Straße 3–4

Inhaltsverzeichnis

ISOTOPENPRAXIS

Band 16 (1980) Heft 8, S. 245–276

Redaktion und Verlag: Akademie-Verlag, Redaktion Isotopenpraxis, 1080 Berlin, Leipziger Straße 3–4

Contents

Articles

K. Farjo, G. Haase

"Stable Isotope Mixing", a Proposal to Analyze Stable Isotopes Using a Technique Similar to the Isotope Dilution Analysis

Part II. Mass Spectrometrical H/D- and N-Isotope Analysis (*in English*)

Isotopenpraxis 16 (1980) No. 8, p. 245 to 246
– Fig., 2 Tab., 3 Ref.

The application of the stable isotope mixing for the H/D-mass spectrometrical analysis was verified. The experimental results show that water among the relative abundance range of heavy water: ≧ 99 Atom % D-natural D-abundance may be analyzed using a standard of natural water in only one instrument. Furthermore different ^{15}N-enriched samples of ammonium chloride were analyzed similarly.

A. Engelmann, G. Reinhard

Liquid Scintillation Measurements of Aqueous Samples which Contained ^{14}C or ^{3}H in the Toluene Cocktail

Isotopenpraxis 16 (1980) No. 8, p. 247 to 249
5 Fig., 1 Tab., 4 Ref.

Upon researchs about the ternary system toluene/methanol/water has been determined for the scintillation cocktails with toluene and methanol a such combination, in what may be mesaured ^{14}C- or ^{3}H-samples in homogeneous distribution with liquid scintillation spectrometer. It was found that the solutions with blood and $HClO_4/H_2O_2$-mixture have minor optimum quantities of the samples per dust – plate than water, because the quenching effect is larger in this solutions. Moreover it is to regard the influence of the β-radiation energy.

R. Gaertner

On the Transfer Function and Energy Resolution in Spectrometers

Isotopenpraxis 16 (1980) No. 8, p. 250 to 256
8 Fig., 1 Tab., 11 Ref.

Apart from the statistical laws of the formation of charge carriers in detectors, the electric noise of the input stage of the electronic system is above all responsible for the energy resolution of spectrometers. From the equivalent diagram of this input stage and from the transfer function of the electronic system, relations are derived for the half-width as a measure for the energy resolution to be evaluated on a practical example. From the discussion of results conclusions are drawn for the choice of the transfer function.

H. Sattler

Principal Technical Demands to Radioisotope Gauges

Isotopenpraxis 16 (1980) No. 8, p. 256 to 260
1 Fig., – Tab., 3 Ref.

To an increasing extent measuring instruments based on radionuclide radiation sources are being used in industries for process control, metering and monitoring purposes. It is crucial to provide high reliability of the instruments even under rough conditions, as disturbances or failure of metering systems in dependance on their destination may have severe consequences for the production process. As an example of the utilization

Содержание

Статьи

К. Фарьё, Г. Хаазе

„Перемешивание стабильных изотопов", предлагаемый способ анализа стабильных изотопов, подобный методу изотопного разбавления

Часть II. Масс-спектрометрический анализ изотопов H/D и N (*на англ. языке*)

Isotopenpraxis 16 (1980) вып. 8, стр. 245 до 246
– рис., 2 табл., 3 лит.

Рассматривалсь применяемость способа перемешивания стабильных изотопов для масс-спектрометрического анализа H/D. Результаты опытов показали, что в пределах относительной распространенности тяжелой воды в воде при ≧ 99 атом-% естественного D можно анализировать распространенность Д с использованием стандарта естественной воды в только лишь одном приборе. Различные пробы хлорида аммония, обогащенные ^{15}N, были анализированы подобным способом.

А. Энгельманн, Г. Райнхард

Измерение водных проб, содержащих ^{14}C или ^{3}H, в сцинтилляционной коктейле на основе толуола с помощью жидкостной сцинтилляции

Isotopenpraxis 16 (1980) вып. 8, стр. 247 до 249
5 рис., 1 табл., 4 лит.

На основе измерений смешиваемости тройной системы толуол/метанол/вода был определен для сцинтилляционных коктейлей на основе толуола/метанола такой состав, при котором можно измерить пробы, содержащие ^{14}C или ^{3}H в гомогенном распределении ЛС-спектрометром.
Для раствора крови, нереведенной в растворимую форму смесью $HClO_4/H_2O_2$, оптимальное количество пробы по измерительной кювете ниже чем в воде вледствие того, что „квенш"-эффект сильнее. Кроме того надо учесть при этом влияние энергии испускаемого бета-излучения.

Р. Гертнер

О функции передачи и энергетическом разрешении в спектрометрах

Isotopenpraxis 16 (1980) вып. 8, стр. 250 до 256
8 рис., 1 табл., 11 лит.

Помимо статистических закономерностей образования носителей заряда в детекторе, в первую очередь электрический шум входного каскада электронной системы повлияет на энергетическое разрешение спектрометров. Из схемы замещения данного входного каскада и функции передачи электронной системы выводятся взаимоотношения применительно к полуширине в качестве меры для энергетического разрешения, и обрабатываются на практическом примере. Из дискуссии результатов делаются выводы для выбора функции передачи.

Х. Саттлер

Принципиальные технические требования к изотопным измерительным приборам

Isotopenpraxis 16 (1980) вып. 8, стр. 256 до 260
1 рис., – табл., 3 лит.

В возрастающей мере в промышленности для контроля, измерения и регулирования процессов применяются измерительные приборы, основанные на использовании радионуклидных источников излучения. При этом, в зачастую суровых условиях необходимо обеспечить высокую надежность приборов, т. к. помехи в измерительной аппаратуре или выход её из строя в зависимости от назначения могут иметь весьма неприятные последствия для процесса производства.

"Stable Isotope Mixing", a Proposal to Analyze Stable Isotopes Using a Technique Similar to the Isotope Dilution Analysis

Part II. Mass Spectrometrical H/D- and N-Isotope Analysis

K. Farjo[1]), *G. Haase*[2])

([1]) Chemistry Department, Nuclear Research Centre, Tuwaitha, Baghdad, IRAQ; [2]) Zentralinstitut für Isotopen- und Strahlenforschung, AdW der DDR)

The application of the stable isotope mixing for the H/D-mass spectrometrical analysis was verified. The experimental results show that water in the range between the natural abundance and heavy water (until 100 atom% D) may be analyzed using a standard of natural water in the same instrument. Furthermore different ^{15}N-enriched samples of ammonium chloride were analyzed similarly.

(B11) INIS DESCRIPTORS:

ammonium chlorides; deuterium; hydrogen 1; isotope ratio; mass spectroscopy; nitrogen 14; nitrogen 15; stable isotopes; water

Introduction

In the preceding first part [1], the stable isotope mixing was suggested and briefly discussed. It was reported there that the analysis of stable isotopes is a possible field for the application of the proposed technique. It was in particular proposed for selected problems of stable isotope analysis e.g. methods utilizing techniques which are affected with relatively large memory effects. Furthermore it was proposed to help by performing stable isotope analysis using the technique of sample/standard comparison.

In the present work the applicability of the stable isotope mixing for the possibilities mentioned above is experimentally investigated: the mass spectrometrical H/D-analysis was selected as an interesting case for the investigation of stable isotope analysis methods which are affected with relatively large memory effects. On the other hand the mass spectrometrical N-isotope analysis was chosen for the verification of the utility of the stable isotope mixing for carrying out analysis, by which the method of sample/standard comparison is applied.

Experimental

Water samples of different D-abundance were prepared for carrying out the mass spectrometrical H/D-analysis. The materials used for the preparation of the samples were heavy water of more than 99 atom% D and a laboratory internal standard of natural water as a diluent. Therefore precisely weighed amounts of heavy water were added to likewise precisely weighed amounts of the laboratory standard and the mixture was thoroughly homogenized. Each sample prepared was diluted with such amount of the laboratory standard so that the resulting D-relative abundance of the mixture was suitable for performing the mass spectrometrical H/D-analysis. The mixtures were then converted to hydrogen gas using the wellknown reduction of water with uranium metal turnings in an evacuated apparatus [2]. The hydrogen gas formed from each mixture was analyzed mass spectrometrically against that of the laboratory standard.

As ^{15}N-enriched samples, commercial ammonium chloride of different ^{15}N-abundances were available. Each sample was thoroughly homogenized with an ^{15}N-internal laboratory standard of ammonium chloride. The amounts of both sample and standard (diluent) were chosen so that the resulting ^{15}N-abundance of the mixture was similar to that of the standard. Nitrogen gas was then produced from the mixture using the sodium hypobromate method [3]. The produced nitrogen gas of each mixture was analyzed mass spectrometrically against that of the standard.

Results and Discussion

The amounts of both sample and diluent used for the preparation of the mixtures to be analyzed were selected according to the following:

$$w_a : w_d \approx \frac{n_{1m} - n_{1d}}{n_{1a} - n_{1m}} \tag{1}$$

which is an approximation form of the relation:

$$w_a : w_d = \frac{G_{1m} - G_{1d}}{G_{1a} - G_{1m}} \tag{2}$$

where:

w_a: quantity of the sample [mass unit]
w_d: quantity of the diluent [mass unit]
n_{1m}: D- or ^{15}N-abundance [atom%] in the mixture
n_{1d}: D- or ^{15}N-abundance [atom%] in the diluent
n_{1a}: D- or ^{15}N-abundance [atom%] in the sample
G_{1m}: relative part of D or ^{15}N [mass%] in the mixture
G_{1d}: relative part of D or ^{15}N [mass%] in the diluent
G_{1a}: relative part of D or ^{15}N [mass%] in the sample

[2]) Address: 7050 Leipzig, Permoserstr. 15, GDR.

However the selection of the isotope abundance range of the stable isotope to be determined in the mixture is of special importance, particularly when the technique of analysis to be used is affected by relatively large memory effects (e.g. the mass spectrometrical H/D-analysis). Accordingly it is advisable to start with the estimation of the relative abundance of the stable isotope to be analyzed in the sample. Therefore the relative abundance of the stable isotope to be analyzed in the sample is assumed to be extremely different from that of the diluent and corresponding amounts of the sample and the diluent are to be mixed according to (1). The resulting mixture will be then analyzed. Guided by the measured value of the relative abundance of the stable isotope to be analyzed in the mixture, the amounts of sample and diluent taken for the preparation of the mixture will be changed. This operation may be repeated few times until the relative abundance of the stable isotope to be analyzed in the sample is determined. However, the measures above are not necessary if the analysis technique is not markedly affected with memory effect (e.g. the mass spectrometrical N-isotope analysis). In such cases only one rough estimation of the relative abundance of the stable isotope to be analyzed in the sample will be sufficient. Guided by this estimated value, the amounts of sample and diluent, which will be used for the preparation of the mixture are chosen.

For the calculation of the relative abundance of the stable isotope to be analyzed, the following formula was derived by combination of the relations 1 and 2 given in [1]:

$$n_{1a} = \frac{100AM_2}{w_a - A(M_1 - M_2)} \tag{3}$$

by

$$A = \frac{n_{1m}(w_a + w_d)}{100M_2 + n_{1m}(M_1 - M_2)} - \frac{n_{1d}w_d}{100M_2 + n_{1d}(M_1 - M_2)} \tag{3a}$$

Considering the calculation of analysis carried out in this work: n_1 stands for the relative D- or ^{15}N-abundance; M_1 and M_2 stand for the formula weight of D_2O and H_2O or $^{15}NH_4Cl$ and $^{14}NH_4Cl$ respectively.

The results of analysis obtained for several samples of water with different heavy water content and for ammonium chloride with different relative ^{15}N-abundances are listed in tab. 1 and 2. The measured values show in general good agreement with those given (see tab. 1 and 2). Furthermore it is to mention, that all the samples analyzed were measured against two standards only: one for water samples, the other for those of ammonium chloride. Both standards were within the range of the natural relative abundance of D or ^{15}N. The relative abundance of D in the water standard was 0.0148 ± 0.00002 atom% D and that of ^{15}N in the ammonium chloride standard was 0.3634 ± 0.0001 atom% ^{15}N. Such standards can be made relatively simple in the laboratory. Thus they may be used as diluents for the preparation of the mixture to be analyzed.

Nevertheless it is interesting to find that water within the whole relative abundance range of D (natural abundance — 100 atom%) may be analyzed with only one standard when the stable isotope mixing is applied. Furthermore the stable isotope mixing seems to make possible the use of only one mass spectrometer for the H/D-analysis within the whole range of relative D-abundance in the sample to be analyzed. On the other hand the memory effects of the mass spectrometrical H/D analysis seem to be markedly minimized by application of the stable isotope mixing, since the relative D-abundance of the mixture may be brought to a relative abundance range similar to that of the applied standard. Consequently there will be most likely no need to use a special order of samples with different D-abundance when the stable isotope mixing is applied for their analysis.

Thus it is possible to analyze a highly D-enriched sample immediately after the analysis of a natural water sample and in contrary.

Work is now in progress on the other application possibilities of the stable isotope mixing proposed in [1].

Tab. 1. Relative D-abundance [atom%] of several prepared samples

D, atom%	
prepared	measured
0.021	0.0207 ± 0.0001
0.1295	0.1298 ± 0.0007
1.084	1.086 ± 0.005
2.130	2.128 ± 0.011
6.44	6.39 ± 0.03
36.48	36.57 ± 0.18
99.7*	99.78 ± 0.50

* commercial D_2O

Tab. 2. Relative ^{15}N-abundance [atom%] of several ^{15}N-commercial samples

^{15}N, atom%	
given	measured
0.703	0.702 ± 0.001
1.010	1.011 ± 0.001
1.410	1.398 ± 0.001
1.80	1.810 ± 0.002
3.55	3.53 ± 0.01
8.03	8.02 ± 0.01

Acknowledgement

The authors are indebted to the Mass Spectrometry Division of the Zentralinstitut fuer Isotopen- und Strahlenforschung, AdW der DDR for carrying out several mass spectrometrical isotope analysis.

Received January 23, 1980

References

[1] *K. Farjo*, Isotopenpraxis, to be published
[2] *J. Bigeleisen, M. L. Perlman, H. C. Prosser*, Anal. Chem. **24** (1952) 1356
[3] *D. B. Sprinson, D. Rittenberg*, J. Biol. Chem. **180** (1949) 707

Flüssigszintillationsmessungen wäßriger, ^{14}C- oder ^{3}H-haltiger Proben im Szintillationscocktail auf Toluol-Basis

A. Engelmann, G. Reinhard

(Technische Universität Dresden, Sektion Chemie, Wissenschaftsbereich Elektrochemie)[1])

Auf der Grundlage von Untersuchungen zur Mischbarkeit des ternären Systems Toluol/Methanol/Wasser wurde für Szintillatorcocktails auf Toluol-Methanol-Basis eine solche Zusammensetzung ermittelt, bei der sich ^{14}C- oder ^{3}H-haltige Proben in homogener Verteilung mit dem LS-Spektrometer messen lassen. Bei den mit einer $HClO_4/H_2O_2$-Mischung aufgeschlossenen Blut-Lösungen lag die optimale Probenmenge pro Meßküvette infolge des stärkeren Quencheffektes niedriger als in Wasser. Außerdem ist dabei der Einfluß der Energie der emittierten β-Strahlung zu berücksichtigen.

(E41; B11) INIS DESCRIPTORS:

blood; carbon 14; liquid scintillators; methanol; sample preparation: scintillation counting; scintillation quenching; toluene; tritium; water

1. Einleitung

Die Nachweisempfindlichkeit (NWE) der Flüssigszintillationsmessung ist bekanntlich dem Produkt aus radioaktiver Probenmenge M und Meßausbeute E proportional [1]. Sollen wäßrige radioaktive Proben in einem Szintillationscocktail auf Toluol-Basis ausgemessen werden, dann kann M auf Grund der minimalen Mischbarkeit von Toluol und Wasser nur sehr kleine Werte annehmen, um unerwünschte Trübungseffekte und Phasentrennungen im Meßsystem auszuschließen.

Durch Zugabe eines Lösevermittlers wie Methanol kann die Aufnahmefähigkeit des Toluol-Cocktails für wäßriges radioaktives Probenmaterial prinzipiell gesteigert werden. Allerdings geht das gewöhnlich infolge des Quencheffektes (Löscheffektes) von Lösevermittler und inaktivem Probenmaterial auf Kosten der Meßausbeute E.

Die in der vorliegenden Arbeit beschriebenen Untersuchungen dienten dem Ziel, den optimalen Wert von M zu ermitteln, damit möglichst hohe Werte für E und NWE gewährleistet sind. Ausgangspunkt bildet hierbei das Phasendiagramm des ternären Systems Toluol/Methanol/Wasser.

Die Alternativlösung, einen Szintillator-Cocktail auf Dioxan-Basis anzuwenden, mußte ausscheiden, da die interessierenden wäßrigen Lösungen nach dem Aufschluß des biologischen Materials noch das starke Oxydationsmittel $HClO_4$ enthalten [2, 3]. In dioxanhaltigen Lösungen können sich dadurch bekanntlich Ätherperoxide bilden, die bei der Flüssigszintillationsmessung infolge Chemilumineszenz die Meßausbeute und die Reproduzierbarkeit des Meßergebnisses bedeutend verschlechtern [2].

2. Experimenteller Teil

2.1. *Charakterisierung des ternären Systems Toluol/Methanol/Wasser*

Zur Ermittlung der Lage der Binodalkurve im Dreiecksdiagramm wurden homogene Mischungen aus vorgegebenen Volumenanteilen Methanol und Wasser mit Toluol bis zum Auftreten einer deutlichen Trübung titriert. Dazu kamen ein Titriergerät T 1 sowie eine Dosiereinrichtung DG 1 des VEB Labortechnik Ilmenau zur Anwendung. Die Thermostatierung des Vorlagegefäßes auf 0; 15 bzw. 30 °C erfolgte mit Hilfe eines Ultra-Kryostaten MK 70 des VEB Prüfgerätewerk Medingen.

Für die detailliertere Bestimmung der Mischungsverhältnisse des ternären Systems im für die Flüssigszintillationsspektrometrie interessierenden Bereich dienten die LS-Meßküvetten auch als Vorlagegefäße für die Trübungstitration. Dadurch gelang es zu erfassen, wieviel Milliliter Methanol bei einem Gesamtcocktailvolumen von 17 ml pro Meßgläschen erforderlich sind, damit eine bestimmte Menge wäßrige Phase in homogener Verteilung vorliegt.

In analoger Weise wurden auch die Mischungsverhältnisse für das System Toluol/Methanol/wäßriger Blutaufschluß untersucht, wobei die Herstellung des wäßrigen Blutaufschlusses, wie bereits beschrieben [3], durch Umsetzung von Blut mit einer Mischung aus $HClO_4$ und H_2O_2 vorgenommen worden war.

Alle genannten Chemikalien hatten die Qualitätsstufe p. a., das Wasser war bidestilliert.

2.2. *Flüssigszintillationsmessungen*

Für die Bestimmung des für die LSC optimalen wäßrigen Probenvolumens M wurden in den LS-Meßküvetten Mischungsreihen präpariert, wobei der Anteil wäßrige Probe gerade so eingestellt wurde, daß die Mischphase homogen blieb. In dem für die Mischung verwendeten Toluol waren vorher 6 g PPO/l gelöst worden. Der Methanolanteil enthielt pro Gläschen neben inaktivem Methanol jeweils 1 ml methanolische Lösung eines ^{14}C- bzw. ^{3}H-Standards

(^{14}C: 76146 dpm $\pm$ 1%; ^{3}H: 1039271 dpm $\pm$ 1%).

Für die Flüssigszintillationsmessung stand ein LS-Spektrometer vom Typ WALLAC 81000 von LKB/Schweden zur Verfügung. Gemessen wurde bei der Kanaleinstellung CH 3 ... 22 bzw. CH 1 ... 13 mit einem 2s-Fehler von max. $\pm$0,3 bzw. $\pm$0,5%.

---

[1]) Anschrift: DDR-8027 Dresden, Mommsenstr. 13

3. Ergebnisse und Diskussion

Die für 3 verschiedene Temperaturen ermittelten Binodalkurven des ternären Systems Toluol/Methanol/Wasser sind in Abb. 1 dargestellt. Es ist z. B. ersichtlich, daß Toluol mit Wasser dann in jedem Verhältnis mischbar ist, wenn der Methanolanteil bei 15 °C etwa 75% entspricht. Liegen jedoch in einer 20 ml-Meßküvette 15 ml Methanol neben insgesamt 5 ml Toluol/Wasser-Anteil vor, dann sind bekanntlich die Bedingungen für den Szintillationsprozeß nicht mehr gegeben. Für die Flüssigszintillationsmessung ist daher nur der in Abb. 1 mit LSC gekennzeichnete Bereich von Interesse, wo das in größerem Maße vorhandene Toluol seine Funktion im Energieübertragungsprozeß wahrnehmen kann. Wie aus Abb. 2 zu entnehmen ist, kann der Anteil Methanol um so geringer gehalten werden, je weniger Wasser in die homogene Mischphase aufgenommen werden soll. Wählt man statt des Wassers den wäßrigen Blutaufschluß ($HClO_4$: Blut : H_2O_2 = 2 : 1 : 2) als Komponente der Mischung, dann stellt man weitestgehende Übereinstimmung mit dem Verhalten des reinen Wassers fest. Aus dem Vergleich der Abb. 2 und 3 geht hervor, daß ein vorgelegtes Toluol-Methanol-Gemisch für den Blutaufschluß nur geringfügig weniger aufnahmefähig ist als für destilliertes Wasser.

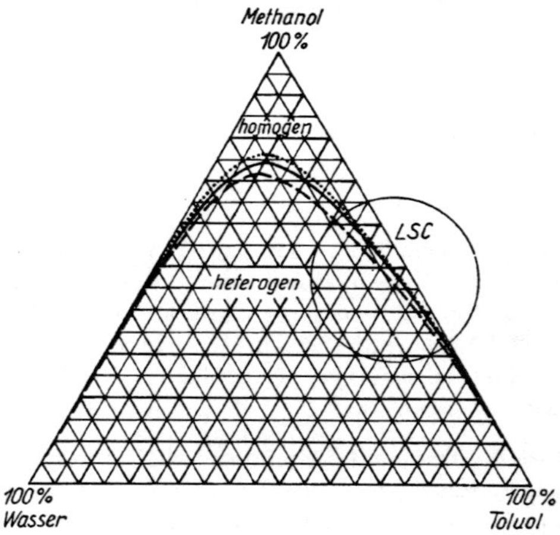

Abb. 1. Phasendiagramm des ternären Systems Toluol/Methanol/Wasser —·—·— bei 0 °C; ——— bei 15 °C; · · · · · bei 30 °C

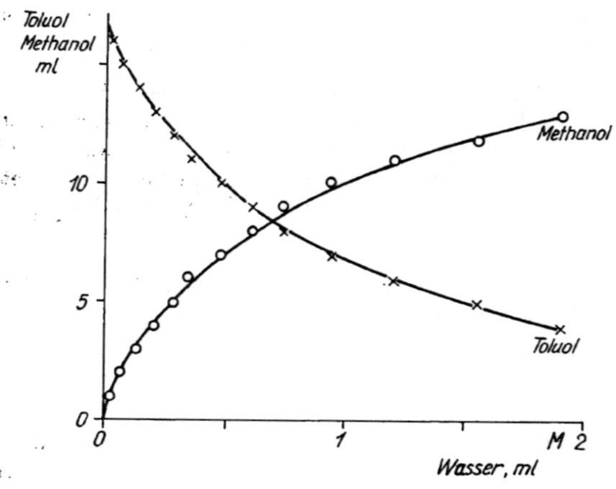

Abb. 2. Phasendiagramm des ternären Systems Toluol/Methanol/Wasser bei konst. Vorlagevolumen von Toluol/Methanol (17 ml) für 15 °C

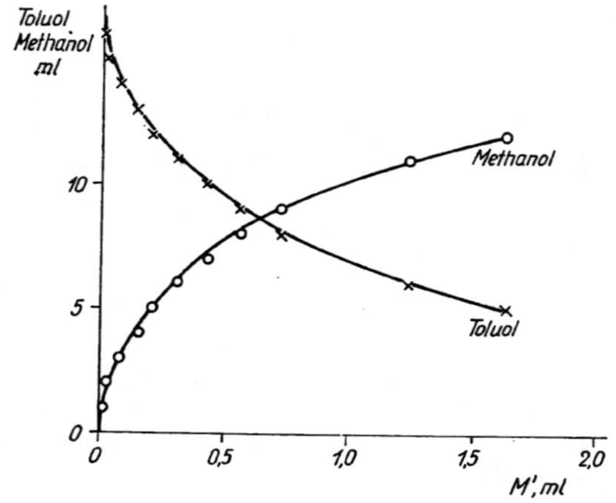

Abb. 3. Phasendiagramm des Systems Toluol/Methanol/wäßriger Blutaufschluß bei konst. Vorlagevolumen von Toluol/Methanol (17 ml) für 15 °C

Auf der Basis der in Abb. 2 und 3 dargestellten Phasendiagramme können nun auch die Bedingungen zur Herstellung homogener Mischphasen für die Belange der Flüssigszintillationsspektrometrie abgelesen werden. Es ist dabei ohne Einfluß, daß statt des reinen Toluols ein PPO-haltiges Toluol zum Einsatz kommt. Für jede als wäßrige Phase vorgegebene radioaktive Probenmenge M existiert nach den jeweiligen Phasendiagramm also ein bestimmtes Mengen-

4 a

4 b

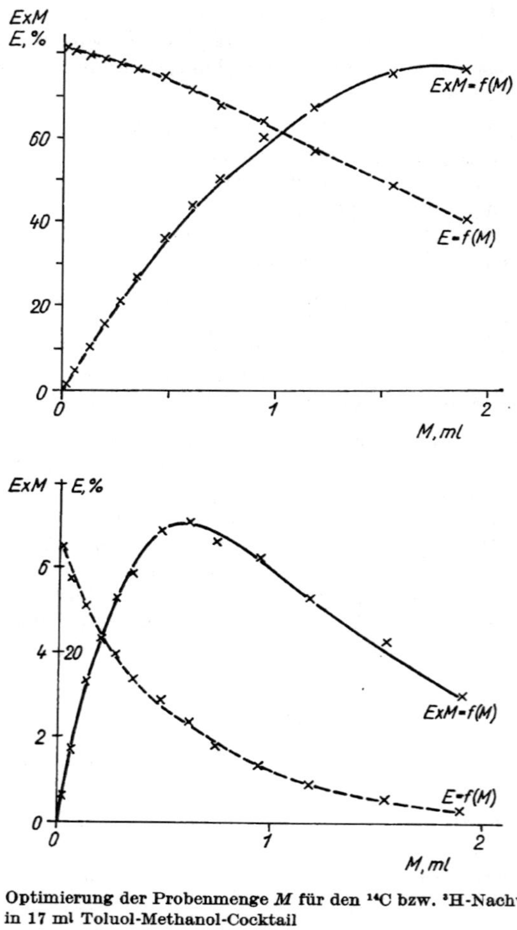

Abb. 4. Optimierung der Probenmenge M für den ^{14}C bzw. ^{3}H-Nachweis in 17 ml Toluol-Methanol-Cocktail

a — ^{14}C; b — ^{3}H

verhältnis Toluol/Methanol zur Realisierung einer homogenen Mischphase. Welche Meßausbeute E und Nachweisempfindlichkeit ($E \times M$) für Wasser und den wäßrigen Blutaufschluß, ^{14}C- bzw. ^{3}H-markiert, in Abhängigkeit vom Verteilungsverhältnis der Komponenten erreicht wird, geht aus Abb. 4 und 5 hervor. In Abb. 5 ist mit M' das jeweils vorliegende Gesamtvolumen der wäßrigen Phase in Form des Blutaufschlusses bezeichnet worden. Das radioaktive Blutvolumen M als interessierendes Meßgut ergibt sich daraus zu $M = M'/5$.

5a

5b

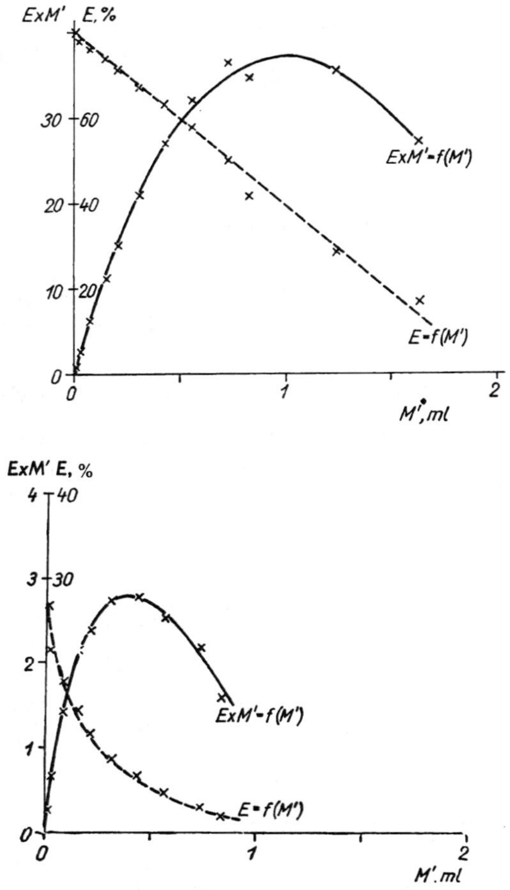

Abb. 5. Optimierung der Menge wäßriger Blutaufschluß M' für den ^{14}C- bzw. ^{3}H-Nachweis in 17 ml Toluol-Methanol-Cocktail
a – ^{14}C; b – ^{3}H

Die Meßergebnisse der Abb. 4 und 5 gestatten nunmehr die Angabe von optimalen Probenmengen des untersuchten radioaktiven Materials in wäßriger Phase für die Flüssigszintillationsspektrometrie. Die einzelnen Werte sind in Tab. 1 zusammengestellt. Die Ursache für das wesentlich niedriger liegende optimale wäßrige Probenvolumen für den ^{3}H-Nachweis im Vergleich zum ^{14}C-Nachweis liegt in der höheren Quenchempfindlichkeit des weicheren β-Strahlers ^{3}H [2, 4]. So weisen die Kurven $E = f(M)$ der Abb. 4 aus, daß die Meßausbeute für ^{14}C von anfangs 80% (bei 0,02 ml Wasser) auf 40% (bei 1,90 ml Wasser), d. h. auf 50% des Ausgangswertes absinkt, während die Meßausbeute für ^{3}H unter gleichen Bedingungen von 32% auf 0,3%, d. h. auf nur 1% des Ausgangswertes fällt.

Da sich innerhalb einer Probenreihe auch die PPO-Konzentration mit dem Toluolgehalt pro Meßküvette ändert

Tab. 1. Optimale Probenmenge in wäßriger Phase für das Toluol-Methanol-System zur LSC

Nuklid	$M_{opt\,(Wasser)}$	$M'_{opt\,(HClO_4\text{-Blutaufschl.})}$	$M_{opt\,(Blut)}$
^{14}C	1,5 ... 2,0 ml	ca. 1,0 ml	ca. 0,20 ml
^{3}H	0,5 ... 0,6 ml	ca. 0,4 ml	ca. 0,08 ml

und als zusätzliche Einflußgröße auf die Meßausbeute wirken kann, wurden die in Abb. 4 dargestellten Meßreihen auch mit gleichbleibendem PPO-Gehalt (2,824 g PPO pro Liter Toluol – Methanol – Cocktail) präpariert und gemessen. Wegen der guten Übereinstimmung der hierbei registrierten Kurven mit denen der Abb. 4 [2] wurde auf eine gesonderte Wiedergabe an dieser Stelle verzichtet. Der Einfluß des sog. Verdünnungsquenches ist demnach erst bei größeren Mengen wäßriger Proben neben dem Quencheffekt des Methanols einzukalkulieren. Bei der vorgenommenen Ermittlung der optimalen Meßprobenmengen für das Toluol-Methanol-System spielt er jedoch keine Rolle.

Wie bei Gegenüberstellung der Abb. 4 und 5 sowie aus den Werten in Tab. 1 ersichtlich, wirkt der $HClO_4$-haltige Blutaufschluß auf den ^{14}C- und ^{3}H-Nachweis stärker quenchend als das reine Wasser. Die optimale Probenmenge für die Flüssigszintillationsspektrometrie liegt daher bei dieser Blutaufschluß-Lösung auch niedriger als bei einfachen wäßrigen Lösungen.

4. Schlußfolgerungen

Durch Untersuchungen zur Mischbarkeit von Szintillator-Lösemittel, wäßriger Phase und Lösungsvermittler kann das zur Gewährleistung einer homogenen Mischphase erforderliche Verhältnis dieser Komponenten ermittelt werden. Relativ wenige Messungen mit radioaktiv markierter wäßriger Phase führen dann zur optimalen Probenmenge dieser Phase, womit bei der Flüssigszintillationsspektrometrie eine maximale Nachweisempfindlichkeit erreicht wird.

Obwohl sich die durch $HClO_4$-Aufschluß biologischen Materials gebildete wäßrige Phase hinsichtlich ihrer Mischbarkeit mit Toluol-Methanol etwa wie reines Wasser verhält, ist ihre Quenchwirkung insbesondere gegenüber dem niederenergetischen β-Strahler ^{3}H höher als die des Wassers. Dadurch verringert sich die zur Flüssigszintillationsmessung einsetzbare optimale Probenmenge solcher Phasen und liegt stets unter der für denselben Strahler in Wasser gefundenen. Da jedoch gleiche Mengen biologischen Materials unabhängig von der Art nach Aufschluß mit $HClO_4/H_2O_2$ den gleichen Quencheffekt haben [2, 3], ist es ausreichend, wenn für vergleichende Untersuchungen verschiedener biologischer Materialien der Quencheffekt von einer Probensorte, wie beispielsweise vom wäßrigen Blutaufschluß, experimentell erfaßt wird.

Eingegangen am 30. 1. 1980

Literatur

[1] *H. Simon*, Messung von radioaktiven und stabilen Isotopen, Springer-Verlag, Berlin, Heidelberg, New York 1974
[2] *A. Engelmann*, Dissertation A, TU Dresden, Sektion Chemie, 1980
[3] *A. Engelmann, G. Reinhard*, Isotopenpraxis 16 (1980) 222
[4] *K. Halvorsen*, in: Tritium in the Physical and Biological Sciences I, IAEA, Wien 1962

Zur Übertragungsfunktion und Energieauflösung in Spektrometern

R. Gärtner

(Zentralinstitut für Festkörperphysik und Werkstofforschung, Dresden)[1]

Neben den statistischen Gesetzmäßigkeiten bei der Ladungsträgerbildung im Detektor trägt in erster Linie das elektrische Rauschen der Eingangsstufe der Elektronik zur Energieauflösung von Spektrometern bei. Aus dem Ersatzschaltbild dieser Eingangsstufe und der Übertragungsfunktion der Elektronik werden Beziehungen für die Halbwertsbreite als Maß für die Energieauflösung aufgestellt und an einem praktischen Beispiel ausgewertet. Aus der Diskussion der Ergebnisse werden Schlußfolgerungen für die Wahl der Übertragungsfunktion gezogen.

(E41)INIS DESCRIPTORS:

background noise; electronic circuits; energy resolution; spectrometers; transfer functions

Die untere Grenze für die Energieauflösung

Als Maß für die Energieauflösung von Spektrometern wird die sog. Halbwertsbreite ΔE benutzt. Das ist die Breite einer Impulshöhen- bzw. Energieverteilung bei monoenergetischer Einstrahlung, gemessen bei der Hälfte des Maximalwertes der Verteilungskurve.

Eine natürliche Grenze für ΔE stellen die statistischen Gesetzmäßigkeiten bei der Bildung der Ladungsträger im Detektor dar, die durch keinerlei äußere Mittel oder Technologien beeinflußt werden können.

Unter der Voraussetzung, daß ein Teilchen oder Quant seine gesamte Energie E_1 im aktiven Volumen des Detektors durch Ionisation verliert, werden im Mittel

$$\overline{N} = \frac{E_1}{w} \tag{1}$$

Ladungsträgerpaare freigesetzt.

Dabei ist w die spezifische Energie zur Freisetzung eines Ladungsträgerpaares (3,6 eV für Silizium).

Für große Anzahlen N ist die Varianz der Verteilungsfunktion bzw. das effektive Schwankungsquadrat

$$\sigma^2(N) = \overline{(N - \overline{N})^2} \approx \overline{N} \tag{2}$$

Tatsächlich verringert sich infolge von Korrelationen bei der Freisetzung von Ladungsträgern die effektive Schwankung von N um einen von *Fano* [1] angegebenen Faktor F $(0 < F < 1)$ auf

$$\sigma^2(N) = F \cdot \overline{N} = F \cdot \frac{E_1}{w} \tag{3}$$

Für Halbleiterdetektoren kann mit einem *Fano*-Faktor von 0,1 gerechnet werden. Aus der Beziehung für die Normalverteilung, die in guter Näherung die Impulshöhenverteilung beschreibt, läßt sich die durch die Statistik verursachte Halbwertsbreite berechnen zu

$$\Delta E_{st} = 2\sqrt{2 \ln 2} \cdot \sigma(N) \cdot w$$

oder

$$\Delta E_{st} = 2{,}35 \sqrt{F \cdot w \cdot E_1} \tag{4}$$

[1]) Anschrift: 8027 Dresden, Helmholtzstraße 20
(Die Arbeit entstand im bisherigen Betrieb des Autors, dem VEB Robotron-Meßelektronik, 8012 Dersden, PSF 211)

So beträgt z. B. die untere Grenze für die Energieauflösung eines Spektrometers mit Si-Halbleiterdetektoren für die 5,9 keV-Mn-k_α-Linie

$$\Delta E_{st} = 2{,}35 \sqrt{0{,}1 \cdot 5{,}9 \cdot 10^3 \text{ eV} \cdot 3{,}6 \text{ eV}} \approx 110 \text{ eV}$$

Zur Energieauflösung ΔE tragen weiterhin Rauschquellen elektrischer Natur bei, deren Wirkung unter ΔE_{el} zusammengefaßt werden sollen. ΔE_{st} und ΔE_{el} können quadratisch addiert werden:

$$\Delta E = \sqrt{\Delta E_{st}^2 + \Delta E_{el}^2} \tag{5}$$

Das Rauschen der Eingangsstufe der Elektronik

a) *Das Ersatzschaltbild der Eingangsstufe*

Da bei sorgfältiger Dimensionierung das Rauschen der zweiten Stufe i. allg. vernachlässigt werden kann [2], sind für die Berechnung der Rauschspannung in erster Linie die Eingangsstufe und der Detektor interessant.

Für diese Stufe gilt das Ersatzschaltbild Abb. 1.

Neben den Detektor-, Streu- und Eingangskapazitäten C_D, C_S und C_e enthält es folgende Rauschquellen:

$\overline{i_D}$ = Schrotrauschen des Leckstromes I_D des Detektors

$\overline{u_{R_P}}$ = Rauschspannung des Isolationswiderstandes R_P des Detektors

$\overline{u_{R_S}}$ = Rauschspannung des Serienwiderstandes R_S des Detektors

$\overline{u_{R_D}}$ = Rauschspannung des Arbeitswiderstandes R_D des Detektors

$\overline{u_{R_e}}$ = Rauschspannung des Eingangswiderstandes R_e des Verstärkers

$\overline{u_{R_Ä}}$ = Rauschspannung des äquivalenten Rauschwiderstandes $R_Ä$ des Feldeffekttransistors im Verstärkereingang

$\overline{i_G}$ = Schrotrauschen des Gatestromes des Feldeffekttransistors

Zur Berechnung der Rauschspannung $\overline{u_e}$ wird als erster Schritt die Wirkung des Serienwiderstandes R_S des Detektors vernachlässigt. Eine spätere Abschätzung wird zeigen,

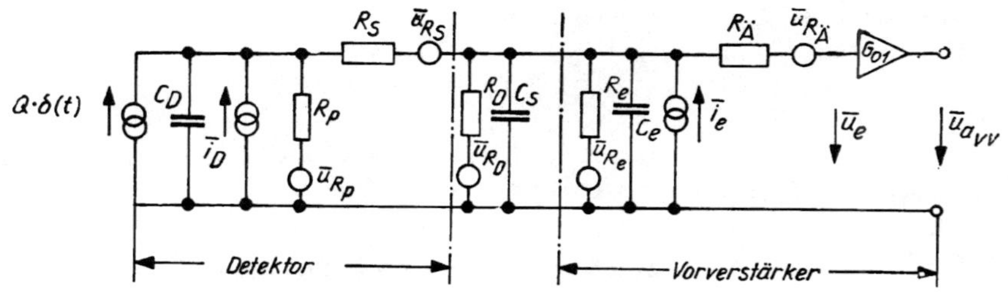

Abb. 1. Ersatzschaltbild der Eingangsstufe des Vorverstärkers mit angeschlossenem Detektor

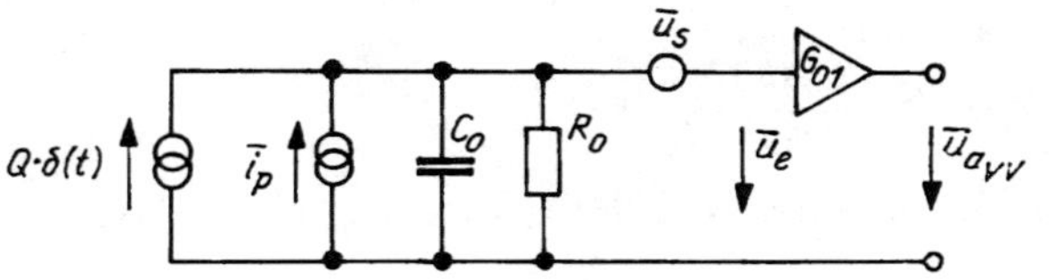

Abb. 2. Vereinfachtes Ersatzschaltbild der Eingangsstufe

daß diese Vernachlässigung für die praktisch auftretenden Werte unter 50 Ω zulässig ist. Damit vereinfacht sich das Ersatzschaltbild entscheidend (Abb. 2).

In diesem vereinfachten Ersatzschaltbild sind sämtliche parallel zum Eingang liegenden Rauschstromquellen zu $\overline{i_p}$ und die in Reihe zum Eingang liegenden Rauschspannungsquellen zu $\overline{u_s}$ zusammengefaßt. G_{01} stellt den frequenzunabhängigen und rauschfreien Anteil des Vorverstärkers an der Gesamtverstärkung G_0 der Elektronik dar.

Für die Kapazität C_0 gilt

$$C_0 = C_D + C_S + C_e \tag{6a}$$

und für R_0

$$R_0 = \frac{1}{\frac{1}{R_P} + \frac{1}{R_D} + \frac{1}{R_e}} \tag{6b}$$

Der Detektor ist als Stromgenerator $Q \cdot \delta(t)$ dargestellt, wobei die Ladung Q nach

$$Q = E \cdot \frac{1}{w} \cdot q \tag{7}$$

proportional zur Energie E der nachzuweisenden Teilchen bzw. Quanten ist. (q = Elementarladung = $1{,}6 \cdot 10^{-19}$ As).

Unter der Voraussetzung, daß die Sammelzeit t_s des Detektors klein gegen die Zeitkonstante $\tau_0 = R_0 C_0$ ist, erhält man als Signalspannung einen Impuls der Höhe

$$U_0 = \frac{Q}{C_0} = \frac{E \cdot q}{w \cdot C_0} \tag{8}$$

und den Zeitverlauf

$$u(t) = U_0 \cdot e^{-t/\tau_0} \tag{9}$$

Es sei an dieser Stelle vermerkt, daß die in der Literatur und selbst in Lehrbüchern anzutreffende Formulierung: „Der Detektorimpuls entsteht durch Spannungsabfall am Arbeitswiderstand" falsch ist und nicht den physikalischen Realitäten entspricht.

R_0 hat ausschließlich die Aufgabe, für die Nachladung der Kapazität C_0 zu sorgen, um die Betriebsspannung am Detektor aufrechtzuerhalten bzw. um einen Gleichstromweg für den Leckstrom zu bilden.

b) Die einzelnen Rauschquellen

In der grundlegenden Arbeit zum Problem des Rauschens von Feldeffekttransistoren (FET) [3] wird gezeigt, daß im FET aufgrund seiner Wirkungsweise (reine Leitwertmodulation) kein Schrotrauschen, sondern reines thermisches Rauschen des Kanalwiderstandes auftritt, das durch einen äquivalenten Rauschwiderstand $R_Ä$ repräsentiert werden kann, dessen Größe von der Steilheit S nach

$$R_Ä = L \cdot \frac{1}{S} \tag{10}$$

abhängt. Dabei ist L ein von der Vorspannung beeinflußter Faktor, für den im normalen Betrieb $L \approx 0{,}7$ eingesetzt werden kann.

Die spektrale Dichte dieser thermischen Rauschspannung beträgt

$$\frac{\overline{u_{th}^2}}{df} = 4k \cdot T \cdot R_Ä \tag{11}$$

k = Boltzmann-Konstante = $1{,}37 \cdot 10^{-23} \frac{\text{Ws}}{\text{K}}$

T = absolute Temperatur

Hinzu kommt ein Anteil, der umgekehrt proportional von der Frequenz abhängt ($1/f$- oder Funkelrauschen)

$$\frac{\overline{u_f^2}}{df} = 4k \cdot T \cdot R_Ä \cdot \frac{f_g}{f} \tag{12}$$

Hierbei ist f_g die Grenzfrequenz, bei der die Anteile der thermischen Rauschspannung und des $1/f$-Rauschens gleich groß sind. f_g wird im wesentlichen durch technologische Verfahren bei der Herstellung bestimmt; der Wert liegt bei 10^3 Hz bis 10^4 Hz.

Beide Anteile addieren sich zur Serienrauschspannung

$$\frac{\overline{u_s^2}}{df} = \frac{\overline{u_{th}^2}}{df} + \frac{\overline{u_f^2}}{df} \tag{13}$$

Für die Parallelrauschstromquelle sind folgende Anteile verantwortlich:

— Schrotrauschen des Gatestromes I_G und des Leckstromes I_D

$$\frac{\overline{i_{G1}^2}}{df} + \frac{\overline{i_D^2}}{df} = (2q)\,(I_G + I_D) \tag{14}$$

— thermisches Rauschen des Parallelwiderstandes R_0

$$\frac{\overline{i_{R_0}^2}}{df} = 4k \cdot T \cdot \frac{1}{R_0} \tag{15}$$

— influenziertes Kanalrauschen.

Nach [4] kommt bei höheren Frequenzen zum Schrotrauschen des Gatestromes noch ein Anteil hinzu, der durch die Einkopplung der thermischen Rauschspannung des Kanalwiderstandes über die Kapazität C_{GS} zwischen Gate und Source entsteht

$$\frac{\overline{i_{G2}^2}}{df} = \frac{1}{3} \cdot 4k \cdot T \cdot R_{Ä} \cdot C_{GS}^2 \cdot \omega^2 \left(1 + \frac{f_g}{f}\right) \tag{16}$$

Auch diese Anteile addieren sich zum gesamten Parallelrauschstrom

$$\frac{\overline{i_p^2}}{df} = \frac{\overline{i_{G1}^2}}{df} + \frac{\overline{i_{G2}^2}}{df} + \frac{\overline{i_D^2}}{df} + \frac{\overline{i_{R_0}^2}}{df} \tag{17}$$

c) *Die gesamte Rauschspannung am Eingang*

Nach Abb. 2 hat die am Eingang auftretende Rauschspannung $\overline{u_e}$ eine spektrale Dichte

$$\frac{\overline{u_e^2}}{df} = \frac{\overline{i_p^2}}{df} \cdot Z_0^2 + \frac{\overline{u_s^2}}{df} \tag{18}$$

Dabei ist

$$\frac{1}{Z_0^L} = \frac{1}{R_0} + j\omega C_0$$

Da die Zeitkonstante C_0R_0 wesentlich größer als alle übrigen im Verstärker wirkenden Zeitkonstanten gewählt wird, gilt im interessierenden Frequenzbereich $\omega^2 C_0^2 R_0^2 \gg 1$, also

$$Z_0^2 = \frac{1}{\omega^2 C_0^2} \tag{19}$$

Damit ergibt sich für die spektrale Dichte der Eingangsrauschspannung

$$\frac{\overline{u_e^2}}{df} = \frac{1}{\omega^2 C_0^2}\left[2q(I_G + I_D) + 4kT\left(\frac{1}{R_0} + \frac{1}{3} R_Ä C_{GS}^2 \omega^2\right) \times \left(1 + \frac{f_g}{f}\right)\right] + 4kTR_Ä\left(1 + \frac{f_g}{f}\right) \tag{22}$$

Durch Umstellung erhält man hieraus

$$\frac{\overline{u_e^2}}{df} = 4kTR_Ä\left(1 + \frac{1}{3}\frac{C_{GS}^2}{C_0^2}\right) + 4kTR_Ä f_g\left(1 + \frac{1}{3}\frac{C_{GS}^2}{C}\right)\frac{1}{f} + \frac{1}{4\pi^2 C_0^2}\left[2q(I_G + I_D) + 4kT\frac{1}{R_0}\right] \cdot \frac{1}{f^2} \tag{21}$$

also eine Beziehung der Form

$$\frac{\overline{u_e^2}}{df} = S_1 + S_2 \cdot \frac{1}{f} + S_3 \cdot \frac{1}{f^2} \tag{22}$$

Die Eingangsspannung läßt sich somit in 3 Summanden S_1, S_2, S_3 zerlegen, von denen

S_1 konstant ist und

S_2 mit dem Kehrwert der Frequenz,

S_3 mit dem Quadrat des Kehrwertes der Frequenz multipliziert werden.

Um das thermische Rauschen von R_0 gegen das Schrotrauschen der Leckströme I_G und I_D vernachlässigen zu können, wählt man

$$R_0 \gg \frac{4kT}{2q(I_D + I_G)}$$

oder, als zugeschnittene Größengleichung geschrieben

$$R_0/G\Omega \gg 0{,}17 \cdot \frac{T/K}{(I_D + I_G)/pA} \tag{23}$$

Die Rauschspannung am Ausgang der Elektronik

Im Spektrometer werden die Höhen der Signalimpulse soweit verstärkt, daß sie mit einem Impulshöhenanalysator ausgewertet werden können. In der Regel enthält das Spektrometer dazu einen Vor- und einen Hauptverstärker, deren Eigenschaften durch einen Anteil frequenzunabhängiger Verstärkung $G_0 = G_{01} \cdot G_{02}$ und einer Übertragungsfunktion $G(\omega)$ darzustellen sind (Abb. 3).

$G(\omega)$ ist so zu dimensionieren, daß die Rauschspannung möglichst stark gedämpft, die Höhen der Signalimpulse dagegen gering beeinflußt werden. Bereits in [5] wurde nachgewiesen, daß eine solche Eigenschaft ein Filter nach Abb. 4

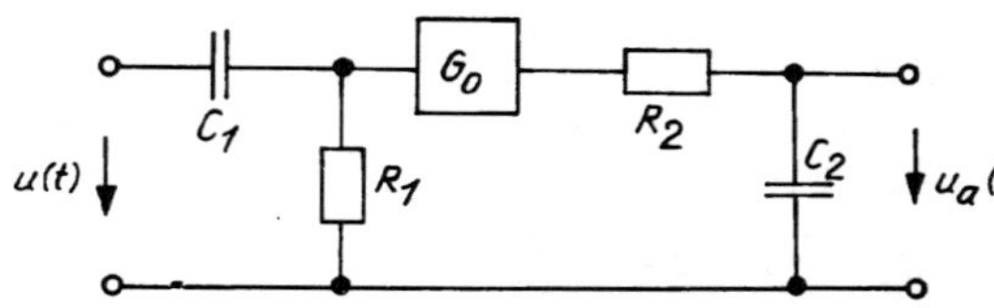

Abb. 4. Realisierung für $G(\omega)$ durch ein Filter mit zwei RC- und CR-Gliedern

aufweist, das aus zwei elektrisch getrennten RC- und CR-Gliedern mit gleicher Zeitkonstante

$$\tau = R_1C_1 = R_2C_2 \ll R_0C_0 \tag{24}$$

besteht. Dieses in der technischen Realisierung bestechend einfache Filter wurde dahingehend verbessert, daß statt nur eines RC-Integrationsgliedes n derartige Glieder mit gleich großer Zeitkonstante verwendet werden [6]. Für große Zahlen n nähert sich die Form des Ausgangsimpulses bei

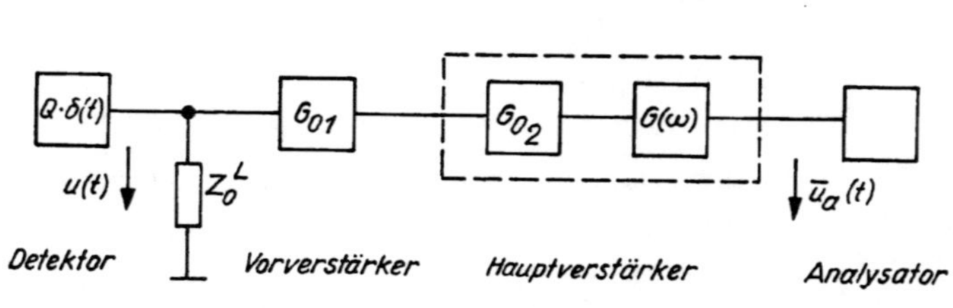

Abb. 3. Struktur eines Energiespektrometers

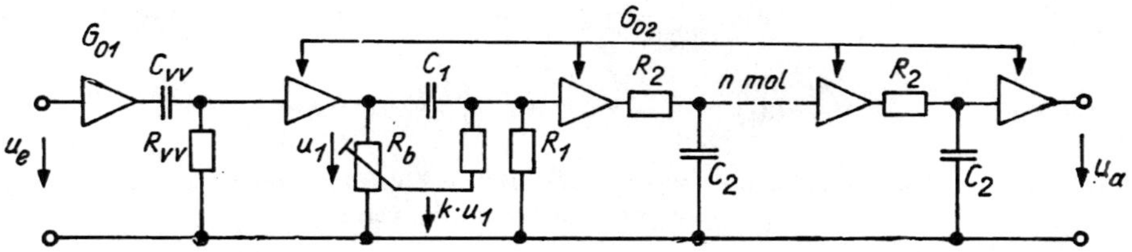

Abb. 5. Ersatzschaltbild des Verstärkers im Energiespektrometer

einem Spannungssprung am Eingang der Form einer Normalverteilung an, weshalb man von der sog. *Gauß*-Formung spricht.

$G(\omega)$ wird weiterhin durch ein CR-Glied beeinflußt, das am Ausgang des Vorverstärkers für die Unterdrückung niederfrequenter Störungen sorgt (Brummen, Mikrofonie). Die Wirkung dieses CR-Gliedes auf $G(\omega)$ kann allerdings durch die sog. Pol-Nullstellenkompensation (engl.: PZC, Pole-zero-cancellation) kompensiert werden [7], indem nach Abb. 5 das CR-Glied C_1R_1 durch Einfügen der Widerstände R_a, R_b modifiziert wird.

Stellt man den Abgriff am (niederohmigen) Widerstand R_b so ein, daß

$$\tau_{vv} = C_{vv}R_{vv} = \frac{C_1R_a}{k}$$

wird und wählt man die Zeitkonstanten τ_1 und τ_2 nach (24) gleich groß, so erhält man für die Übertragungsfunktion

$$G^2(\omega) = \frac{u_a}{u_e} = \frac{\omega^2\tau^2}{(1 + \omega^2\tau^2)^{n+1}} \tag{25}$$

Damit wird das mittlere Rauschspannungsquadrat am Ausgang des Verstärkers

$$u^2_{\text{reff}} = G_0^2 \int_0^\infty \frac{\omega^2\tau^2}{(1 + \omega^2\tau^2)^{n+1}} \cdot \overline{u_e} \cdot df \tag{26}$$

Die Summanden S_1, S_2, S_3 in (22) besitzen unterschiedliche Frequenzabhängigkeiten. Folglich sind drei verschiedene Integrale zu lösen, die für $n = 1, 2, 4, 8$ folgende Werte ergeben:

Bezeichnet man die Zahlenwerte der Integrallösungen mit $I_1(n)$, $I_2(n)$ und $I_3(n)$, so kann man für die von n abhängige mittlere quadratische Rauschspannung einen Ausdruck der Form

$$u^2_{\text{reff}}(n) = G_0^2 \left\{\left[I_1(n)\, S_1\, \frac{1}{\tau}\right] + [I_2(n)\, S_2] + [I_3(n)\, S_3\tau]\right\} \tag{27}$$

schreiben.

Die Dämpfung der Signalspannung

Unter der Annahme, daß $\tau_0 = R_0C_0$ wesentlich größer als alle anderen Zeitkonstanten ist, kann man für die über C_0 entstehende Signalspannung einen Sprung annehmen, dessen Höhe U_0 durch (8) gegeben ist.

Die aus Abb. 5 abgeleitete komplexe Übertragungsfunktion ergibt mit $p = j\omega$ und $\alpha = 1/\tau$, gleichen Zeitkonstanten und PZC im Bildbereich

$$G(p) = \frac{p \cdot \alpha^n}{(p + \alpha)^{n+1}} \tag{28}$$

Mit einem Einheitssprung am Eingang erhält man eine Ausgangsspannung

$$U_a(p) = \frac{\alpha^n}{(p + \alpha)^{n+1}} \tag{29}$$

und nach Rücktransformation in den Zeitbereich

$$u_a(t) = \frac{\alpha^n t^n}{n!} e^{-\alpha t} \tag{30}$$

Integraltyp	$n = 1$	$n = 2$	$n = 4$	$n = 8$
$\int_0^\infty \frac{\omega^2\tau^2}{(1 + \omega^2\tau^2)^{n+1}}\, d\omega$	$0{,}78 \cdot \frac{1}{\tau}$	$0{,}197 \cdot \frac{1}{\tau}$	$0{,}0615 \cdot \frac{1}{\tau}$	$0{,}0205 \cdot \frac{1}{\tau}$
$\int_0^\infty \frac{\omega\tau^2}{(1 + \omega^2\tau^2)^{n+1}}\, d\omega$	0,5	0,25	0,125	0,067
$\int_0^\infty \frac{\tau^2}{(1 + \omega^2\tau^2)^{n+1}}\, d\omega$	$0{,}78 \cdot \tau$	$0{,}59 \cdot \tau$	$0{,}43 \cdot \tau$	$0{,}308 \cdot \tau$

Hieraus ist die Zeit $t = t_{max}$ zu berechnen, bei der $u_a(t)$ einen Maximalwert erreicht:

$$t_{max} = \frac{n}{\alpha} = n\tau \qquad (31)$$

Setzt man (31) in (30) ein, so erhält man diesen Maximalwert zu

$$u_a(t_{max}) = \frac{\alpha^n t_{max}^n}{n!} e^{-\alpha t_{max}}$$

oder

$$u_a(t_{max}) = \frac{n^n}{n!} e^{-n} \qquad (32)$$

$u_a(t_{max})$ ist also die Impulshöhe U_a, die beim Anlegen eines Einheitssprunges an den Eingang des frequenzabhängigen Verstärkergliedes mit der Übertragungsfunktion $G(\omega)$ am Ausgang gemessen wird. Sie kann somit als relativer Dämpfungsfaktor $D(n)$ interpretiert werden, der die Wirkung von $G(\omega)$ auf die Signalspannung U_0 des Detektors zum Ausdruck bringt.

Abb. 6 zeigt $D(n)$ für $n = 1$ bis 20.

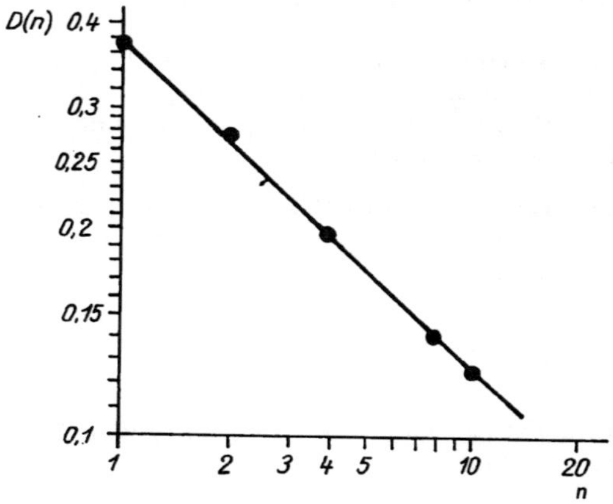

Abb. 6. Werte des Dämpfungsfaktors $D(n)$ für $n = 1$ bis 20

Die Energieauflösung als Maß für das Signal-Rauschverhältnis

Der Zusammenhang zwischen der effektiven Rauschspannung $u_{r\,eff}$, dem Dämpfungsfaktor $D(n)$ und der Energieauflösung ΔE_{el} wird über die sog. Rauschladungszahl N_r (engl.: ENC, Equivalent noise charge) hergestellt. Diese Rauschladungszahl wurde von *Gillespie* [5] als Maß für das Signal-Rauschverhältnis kernphysikalischer Verstärker eingeführt. N_r ist diejenige Zahl von Ladungsträgerpaaren, die, wenn sie in einer gegen τ kurzen Zeit auf den Eingang gegeben wird, am Ausgang einen Impuls hervorruft, dessen Höhe gleich der effektiven Rauschspannung am Ausgang ist.

N_r ist identisch mit der Standardabweichung $\sigma(N)$ einer Normalverteilung, wie sie näherungsweise auch für den Einfluß der Rauschimpulse auf die Linienverbreiterung im Impulshöhenspektrum gilt. Analog zu (4) ist die durch Rauschimpulse verursachte Halbwertsbreite

$$\Delta E_{el} = 2\sqrt{2 \ln 2} \cdot \sigma(N)\, w$$

oder

$$\Delta E_{el} = 2{,}35 \cdot N_r \cdot w \qquad (33)$$

N_r Ladungsträgerpaare rufen einen Ausgangsimpuls der Höhe

$$U_a = N_r \cdot \frac{q}{C_0} \cdot D(n) \cdot G_0$$

hervor. Diese Impulshöhe ist dann gleich dem Effektivwert der Rauschspannung, wenn

$$N_r = \frac{u_{r\,eff}}{G_0} \cdot \frac{C_0}{q \cdot D(n)} \qquad (34)$$

gilt. Wird dieser Ausdruck in (33) eingesetzt, erhält man die Energieauflösung der Elektronik zu

$$\Delta E_{el} = 2{,}35 \cdot \frac{u_{r\,eff}}{G_0} \cdot \frac{C_0}{q \cdot D(n)} \cdot w \qquad (35)$$

Setzt man für Siliziumdetektoren den Wert $w = 3{,}6$ eV und für $R_Ä = 0{,}7/S$ ein, so erhält man die zugeschnittene Größengleichung

$$\Delta E_{el/eV} = C_{0/pF} \cdot d(n) \sqrt{a(n) \cdot \frac{1}{\tau/\mu s} + b(n) + c(n) \cdot \tau/\mu s} \qquad (36)$$

In (36) besitzen die von n abhängigen Faktoren $a(n)$, $b(n)$, $c(n)$ und $d(n)$ für $n = 1, 2, 4, 8$ die in Tab. 1 angegebenen Bedeutungen.

Tab. 1. Bedeutung der Faktoren $a(n)$, $b(n)$, $c(n)$, $d(n)$ in Gleichung (36)

$$a(n) = a_1(n) \cdot \left(1 + \frac{1}{3}\frac{C_{GS}^2}{C_0^2}\right) \cdot \frac{T/K}{S/mA/V}$$

$$b(n) = b_1(n) \cdot \left(1 + \frac{1}{3}\frac{C_{GS}^2}{C_0^2}\right) \cdot \frac{f_g/kHz \cdot T/K}{S/mA/V}$$

$$c(n) = c_1(n) \cdot \frac{(I_D + I_G)/pA + \dfrac{0{,}17\; T/K}{R_0/G}}{(C_0/pF)^2}$$

n	$d(n)$	$a_1(n)$	$b_1(n)$	$c_1(n)$
1	14,4	0,48	1,92	3,92
2	19,6	0,12	0,96	3,00
4	27,0	0,039	0,48	2,16
8	37,8	0,012	0,24	1,52

Aus (36) ist zu entnehmen, daß es eine Zeitkonstante $\tau = \tau_{opt}$ geben muß, bei der die von τ abhängigen Summanden gleich groß und die Energieauflösung folglich ein Minimum werden.

Setzt man

$$(\tau/\mu s)_{opt} = \sqrt{\frac{a(n)}{c(n)}} \qquad (37)$$

in (36) ein, so erhält man dieses Minimum zu

$$(\Delta E_{el})_{min}/eV = C_0/pF \cdot a(n) \sqrt{2\sqrt{a(n) \cdot c(n)} \cdot b(n)} \qquad (38)$$

Eine für die Beurteilung von Spektrometern wichtige Eigenschaft ist die Abhängigkeit der Energieauflösung von der Kapazität C_0 (engl.: Slope), die man durch Differentiation von (36) zu

$$\frac{d\ \Delta E_{\mathrm{el}}/\mathrm{eV}}{\mathrm{d}C_0/\mathrm{pF}} = d(n) \cdot \frac{a(n) \cdot \dfrac{1}{\tau/\mu\mathrm{s}} + b(n)}{\sqrt{a(n) \cdot \dfrac{1}{\tau/\mu\mathrm{s}} + b(n) + c(n) \cdot \tau/\mu\mathrm{s}}} \tag{39}$$

erhält.

Zur Messung der Energieauflösung wird an den Eingang des Spektrometers über eine kleine Testkapazität C_t ein Sprung der Höhe U_t angelegt, der die Eingangskapazität C_0 auflädt. Am Ausgang mißt ein Effektivwertmesser die Rauschspannung und ein Impulshöhendiskriminator die Höhe U_a der Ausgangsimpulse bei Anlegen von U_t.

Mit $C_t \ll C_0$ gilt für die Eingangsladung

$$Q_{\mathrm{ein}} = U_t \cdot C_t$$

und für die Energieauflösung

$$\Delta E_{\mathrm{el}} = 2{,}35 \cdot \frac{u_{\mathrm{r\,eff}}}{U_a} \cdot \frac{U_t \cdot C_t}{q} \cdot w \tag{40}$$

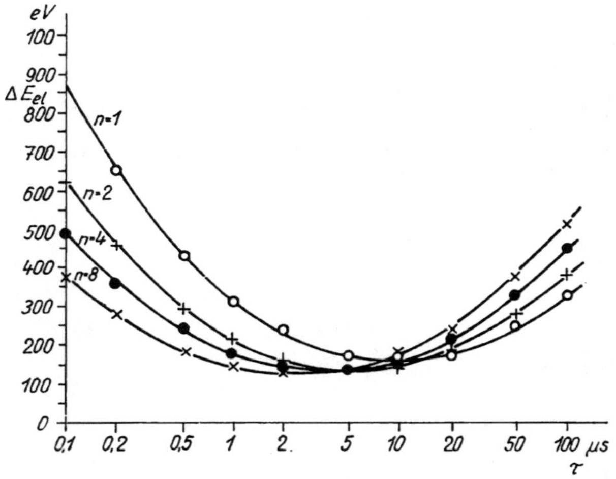

Abb. 7. Abhängigkeit der Energieauflösung ΔE_{el} von der Zeitkonstante τ. Parameter: n

Auswertung und Diskussion der Ergebnisse

An einem praktischen Beispiel soll der Einfluß der Anzahl n der Integrationsglieder auf die Energieauflösung demonstriert werden. Der Berechnung wurden die Daten des sowjetischen FET KP 303 zugrunde gelegt und eine Kühlung des Detektors und des FET auf annähernd die Temperatur des flüssigen Stickstoffs angenommen.

Unter diesen Voraussetzungen ergeben sich folgende Werte: $S = 8$ mA/V; $T = 100$ K; $C_{GS} = 3$ pF; $C_0 = 8$ pF; $f_g = 10^4$ Hz; $I_G = I_D = 5 \cdot 10^{-13}$ A; $R_0 = 10^{11}\,\Omega$

Abb. 7 zeigt das Ergebnis der Berechnung. Hier ist die Energieauflösung ΔE_{el} über der Zeitkonstante τ mit n als Parameter aufgetragen. Die minimal erreichbaren Werte für die Energieauflösung und die optimalen Zeitkonstanten sind in Abb. 8 über n aufgetragen. Außerdem enthält Abb. 8 die Anteile, die das frequenzunabhängige Rauschen, das $1/f$-Rauschen und das $1/f^2$-Rauschen an der Energieauflösung haben.

Während die Beiträge des $1/f$-Rauschens nahezu unabhängig von n sind, nehmen die Beiträge des frequenzunabhängigen bzw. des $1/f^2$-Rauschens mit steigender Zahl n ab, wodurch auch die minimal erreichbare Energieauflösung $(\Delta E_{\mathrm{el}})_{\mathrm{min}}$ mit steigender Zahl n sinkt.

Die minimale Energieauflösung läßt sich von 147 eV bei $n = 1$ auf 122 eV bei $n = 10$ senken, das ist eine Verbesserung um 17%.

Da sich die Funktion $(\Delta E_{\mathrm{el}})_{\mathrm{min}} = \mathrm{f}(n)$ offenbar asymptotisch einen Grenzwert nähert, läßt sich abschätzen, daß mit weiterer Erhöhung der Stufenzahl und damit weiterer Annäherung der Form des Ausgangsimpulses an den Verauf einer Normalverteilung eine Verbesserung der Energieauflösung gegen $n = 1$ um maximal ca. 20% zu erreichen ist. Das deckt sich mit den Angaben in [8], die besagen, daß sich die Energieauflösung mit optimalen Filtern gegenüber der Formung mit einfachen RC-Gliedern nach Abb. 3 um max. 26% verbessern läßt.

Berücksichtigt man den schaltungsmäßigen Aufwand, der zur Realisierung hoher Zahlen n erforderlich ist, und denkt man weiter daran, daß, wie die Arbeiten in [9–11] zeigen, die oben errechneten Werte ohnehin noch durch

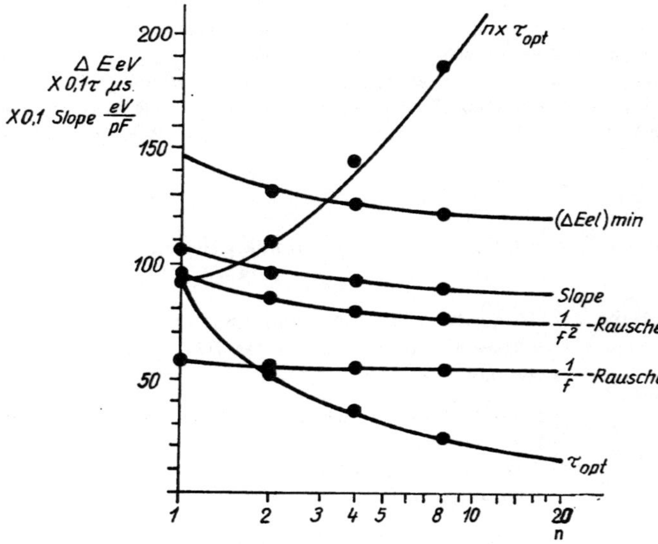

Abb. 8. Abhängigkeiten der Rauschanteile, der optimalen Zeitkonstante τ_{opt}, der minimalen Energieauflösung $(\Delta E_{\mathrm{el}})_{\mathrm{min}}$ und der Slope von der Anzahl n der Integrationsglieder

Effekte überlagert werden, die in der Technologie der FET-Herstellung begründet liegen, so erscheint es sinnvoll, $n = 2$ zu wählen. Die relative Verbesserung der Energieauflösung ist bei Erhöhung von $n = 1$ (147 eV) auf $n = 2$ (132 eV), das entspricht 10%, am ausgeprägtesten. Auch bei der Slope ist bei Erhöhung von $n = 1$ (10,7 eV/pF) auf $n = 2$(9,7 eV/pF) die markanteste Verbesserung zu erzielen.

Hinzu kommt noch folgende Überlegung: Die optimale Zeitkonstante τ_{opt} sinkt zwar von 9,2 µs bei $n = 1$ auf 1,9 µs bei $n = 10$ ab; da das Impulshöhenmaximum jedoch nach (31) bei $n \cdot \tau$ auftritt, bedeutet das, daß diese Zeiten t_{max} von 9,2 µs bei $n = 1$ auf 19 µs bei $n = 10$ ansteigen. Damit werden die Impulse breiter, die zeitliche Auflösung sinkt, und es können nur geringere Impulsraten verarbeitet werden.

Damit liegt der Schluß nahe, daß zur Verbesserung der Energieauflösung von Spektrometern das Schwerpunktgewicht weniger auf die Entwicklung aufwendiger Methoden der Impulsformung gelegt werden sollte, sondern in erster Linie sollte an der Verbesserung der Rauschbeiträge gearbeitet werden, z. B. durch optimale Temperaturwahl für Detektor und FET, durch Reduzierung der Detektor- und FET-Leckströme, durch Erhöhung von R_0 und insbesondere durch entscheidende Reduzierung von C_0.

Um noch abzuschätzen, welchen Beitrag der Serienwiderstand R_S des Detektors zum Gesamtrauschen liefert, wird die Rauschspannung $\overline{u_{Rs}^2}$ in erster Näherung an den Eingang des Vorverstärkers transformiert durch

$$\frac{\overline{u_{Rs}'^2}}{df} = \frac{\overline{u_{Rs}^2}}{df} \cdot \left(\frac{C_D}{C_0}\right)^2 = 4kT\,R_S \cdot \left(\frac{C_D}{C_0}\right)^2$$

Für die Werte im obigen Beispiel ergibt sich mit $C_D = 2$ pF, $R_S = 50\ \Omega$, $n = 2$ und $\tau_{opt} = 5{,}2$ µs ein Beitrag zur Energieauflösung von 16 eV. Die angenommene Vernachlässigung von $\overline{u_{Rs}^2}$ gegen die übrigen Rauschquellen ist also im Hinblick auf deren quadratische Addition durchaus berechtigt, zumal die praktischen Werte für R_S weit unter 50 Ω liegen.

Eingegangen am 21. 1. 1980

Literatur

[1] *V. Fano*, Phys. Rev. **72** (1947) 26
[2] *A. F. Arbel*, IEEE Trans. Nucl. Sci. **NS-15** (1968) H. 5, 2
[3] *A. van der Ziel*, Proc. IRE **50** (1962) 1808
[4] *A. van der Ziel*, Proc. IRE **51** (1963) 461
[5] *A. B. Gillespie*, Signal, Rauschen und Auflösung in Zählverstärkern für die Kerntechnik. VEB Verlag Technik Berlin 1958
[6] *K. Andert*, Linearverstärker für spektrometrische Messungen; Report Nr. 13 – 7125 Vereinigtes Institut für Kernforschung Dubna 1973
[7] *C. H. Nowlin, L. J. Blankenship*, Rev. Sci. Instr. **36** (1965) 1830
[8] *E. Baldinger, W. Franzen*, Advances in electronics and electron physics, **VIII** (1956) 256
[9] *H. E. Kern*, IEEE Trans. Nucl. Sci. **NS-17** (1970) H. 3, 425
[10] *H. E. Kern, J. M. McKenzie*, IEEE Trans. Nucl. Sci. **NS-17** (1970) H. 1, 260
[11] *H. E. Kern, J. M. McKenzie, J. H. McQuaid*, IEEE Trans. Nucl. Sci. **NS-19** (1972) H. 1, 345

Grundlegende technische Forderungen an Radioisotopen-Meßgeräte

H. Sattler

(VEB Robotron-Meßelektronik „Otto Schön" Dresden)[1]

In zunehmendem Maße werden Meßgeräte unter Verwendung von Radionuklid-Strahlungsquellen in der Industrie zum Zweck der Prozeßüberwachung, -messung und -regelung eingesetzt. Unter den rauhen Umgebungsbedingungen kommt es dabei besonders auf eine hohe Zuverlässigkeit der Geräte an, da Störungen oder Ausfälle der Meßtechnik — je nach dem Einsatzort — mitunter sehr unangenehme Ausfälle im Produktionsprozeß zur Folge haben. Ein Beispiel für den Einsatz eines Radioisotopen-Meßgerätes in der industriellen Fertigungstechnik ist die Flächengewichtsmeßanlage FMM 24004. Aus der Vielfalt der bei der Entwicklung solcher Geräte zu beachtenden Festlegungen, Vorschriften und Randbedingungen werden in dieser Arbeit, ohne Anspruch auf Vollständigkeit erheben zu können, einige wesentliche Aspekte dargestellt.

(E41)INIS DESCRIPTORS:

quality assurance; quality control; radiometric gages; regulations; reliability; standardization

1. Allgemeine Anforderungen an die elektronische Ausführung

Mit zunehmender Gebrauchswertsteigerung durch höhere Meßgenauigkeit, größeren Automatisierungsgrad und umfassendere Anwendungsbreite ist ein steigender Aufwand der elektronischen Schaltungstechnik verbunden, wobei das Gerät den an ein elektronisches Meßgerät zu stellenden Anforderungen genügen muß.

Grundsätzliche, allgemeingültige Forderungen an elektronische Meßgeräte sind in der TGL 14283, Blatt 1 bis 14, zusammengefaßt.

Blatt 1 dieses Vorschriftenwerkes orientiert über den Inhalt der einzelnen Blätter, während Blatt 2 eine Begriffsbestimmung zur einheitlichen Auslegung der üblichen Terminologie gibt.

In Blatt 3 werden die Grenzen der Einflußgrößen (Umgebungstemperatur, relative Luftfeuchte, Luftdruck, zulässige Toleranzen der Stromversorgung) festgelegt, die

[1]) Anschrift: 8012 Dresden, Postschließfach 211

sowohl bei der Durchführung von Stückprüfungen als auch bei Typenprüfungen einzuhalten sind.

Blatt 4 enthält Richtlinien für die elektrische und mechanische Gerätegestaltung. Dieser Standard ist u. a. bei der Ausführung von Einstell- und Betätigungselementen zu beachten. Sie müssen eine häufige Benutzung während des Betriebes zulassen und dürfen ihre Einstellung unter Einsatzbedingungen nicht selbständig ändern. Weiterhin müssen für häufig zu betätigende Einstellelemente mindestens 10000 Umschaltungen, Umdrehungen oder Umstellungen von einer Extremlage in die andere innerhalb der Grenzarbeitsbedingungen ohne Ausfall eingehalten werden. Hinsichtlich der Ausführung von Anzeige- und Kontrolleinrichtungen der Geräte werden grundsätzliche Richtlinien für die Anzeige von Schaltzuständen gegeben. Zum Beispiel bedeutet Betätigungsrichtung nach oben, nach rechts oder hineingedrückte Taste den Schaltzustand „Ein" oder „Start", Betätigungsrichtung einer Drehbewegung im Uhrzeigersinn bedeutet Vergrößerung der zu verändernden Größe usw. Der Standard legt für netzgespeiste Geräte eine Betriebsanzeige durch eine Lichtquelle fest. Bei Vorhandensein mehrerer umschaltbarer Meßbereiche muß die Skalenüberlappung bei Anzeigeinstrumenten mindestens doppelt so groß sein, wie der in der technischen Dokumentation ausgewiesene Meßfehler. Bei Mehrfach-Steckverbindern dürfen die Steckerpaare nicht seitenvertauschbar sein, wenn dadurch Schäden oder unzulässige Fehlschaltungen entstehen können. Bei Verwendung von Lüftern ist eine Lärmbegrenzung vorgeschrieben, in 1 m Abstand dürfen 60 dB nicht überschritten werden.

Hinsichtlich der Umgebungsbedingungen werden elektronische Meßgeräte in sogenannte „Einsatzgruppen" klassifiziert. Nach Blatt 5 der TGL 14283 werden unterschieden:

Einsatzgruppe 1 für den Betrieb des Gerätes in temperierten (beheizten) Räumen, z. B. Labors, Werkstätten, Werkhallen;

Einsatzgruppe 2 für Betrieb in nicht beheizten Räumen oder Werkhallen, unter Überdachungen und in Kraftfahrzeugen;

Einsatzgruppe 3 bei Betrieb der Geräte unter Freiluftbedingungen.

Für industrielle Radioisotopen-Meßgeräte zur Prozeßkontrolle und -automatisierung genügt im allgemeinen eine Einstufung in die Einsatzgruppe 1; ein übertriebener Aufwand in dieser Richtung würde die Geräte unnötig verteuern. Mit der Festlegung der Einsatzgruppe ergibt sich zwangsläufig eine feste Zuordnung der Nennarbeitsbedingungen und aus Blatt 8 der TGL-Reihe ebenfalls eine definierte Zuordnung der Grenzarbeitsbedingungen. Entsprechend der Zuordnung in die Einsatzgruppe 1 sind beispielsweise für die Flächengewichtsmeßanlage FMM 24004 [1] folgende Parameter vorgegeben:

- Arbeitstemperaturbereich: 0 bis +40 °C
- relative Luftfeuchte: 10 bis 80%, Jahresmittel $\leqq$ 65%, Betauung nicht zulässig
- maximal zulässiger Wasserdampfdruck: $2{,}67 \times 10^3$ Pa (20 Torr)
- Luftdruckbereich: 600 bis 1060 mBar

Eine feste Zuordnung der zulässigen Speisespannungsschwankungen ist ebenfalls vorgegeben, die jedoch beim FMM 24004 durch entsprechende Maßnahmen mit großer Sicherheit eingehalten werden.

Blatt 7 der TGL 14283 enthält Sicherheitsbestimmungen zum Schutz gegen zufällige Berührung betriebsmäßig unter Spannung stehender Teile für Nennspannungen über 42 V. Die vorgeschriebenen Schutzmaßnahmen sind unterschiedlich und richten sich nach der Einstufung des Gerätes in eine der 3 Schutzklassen:

Schutzklasse I: Geräte, die gegen zu hohe Berührungsspannung durch Nullung oder Schutzschaltung mittels eines Schutzleiters geschützt werden;

Schutzklasse II: Geräte, bei denen der Schutz gegen zu hohe Berührungsspannung durch Schutzisolierung erfolgt;

Schutzklasse III: Geräte, die zum Anschluß an Kleinspannungen bestimmt sind und die keine höhere Spannung als 42 V führen.

Für industrielle Radioisotopen-Meßgeräte kommt fast ausnahmslos die Schutzklasse I in Frage. Die Prüfung erfolgt durch Messung des Ableitstromes des berührbaren Teiles zum Schutzleiter mit dem in TGL 15166 in seiner Ausführung standardisierten beweglichen „Tastfingers", sofern TGL 15165/01 keine andere Prüfung vorsieht. Bei ortsveränderlichen Geräten mit Netzanschluß und einer Leistungsaufnahme über 20 VA muß die Gewährleistung der Kurzschlußsicherheit durch eingebaute Überstromsicherungen erfolgen, deren Nennwert höchstens das dreifache des Gerätenennstromes betragen darf. Im gleichen Blatt 7 sind auch die bei Isolationsprüfungen zu verwendenden Prüfspannungen festgelegt sowie die für Netzstromkreise einzuhaltenden Kriech- und Luftstrecken abhängig vom verwendeten Isoliermaterial angegeben. Bei Beschaltung der Netzleitungen mit Kondensatoren muß die Spannung am Netzstecker nach Lösen vom Netz innerhalb einer Sekunde auf unter 42 V abgeklungen sein.

Andere Blätter der TGL 14283 beinhalten Vorschriften für die Verpackung, für den Transport und die Lagerung der Geräte sowie über die Beschriftung und die beizufügende Dokumentation, auf die nicht weiter eingegangen werden soll.

2. Mechanische Festigkeit

Die mechanische Festigkeit ist besonders für Geräte für den industriellen Einsatz ein nicht zu unterschätzender Qualitätsparameter. Die zu stellenden Forderungen an die konstruktive Ausführung zur Gewährleistung der mechanischen Festigkeit sowie die Prüfmethoden zu deren Nachweis sind in TGL 200-0057, Blatt 1 bis 6 zusammengefaßt. In Blatt 4 dieser TGL werden die Erzeugnisse abhängig von den Bedingungen am Einsatzort in „Einsatzgruppen" hinsichtlich der erforderlichen mechanischen Festigkeit eingeteilt:

Einsatzgruppe G 0: für Präzisionsmeßgeräte mit festem Standort und ruhiger Aufstellung;

Einsatzgruppe G I: für tragbare Laborgeräte, die geringen Schwingungen und Stößen ausgesetzt sind;

Einsatzgruppe G II: für tragbare Geräte für schonungsvollen Feldeinsatz oder installierte Geräte an ruhiglaufenden Maschinen;

Einsatzgruppe G III: für tragbare Geräte für schonungslosen Feldeinsatz oder fest installierte Geräte an Maschinen mit starken Schwingungen und Stößen.

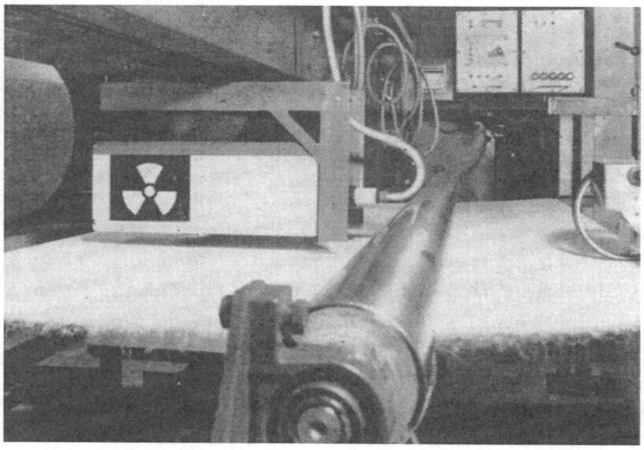

Abb. 1. Flächengewichtsmeßgerät FMM 24004 mit Querbewegungseinrichtung 75173 im industriellen Einsatz zur Messung an einer Nadelvliesanlage

Foto: *F. Weimer*, Dresden

Die Flächengewichtsmeßanlage FMM 24004 ist für rauhen Industrieeinsatz ausgelegt. Die Meßköpfe und Strahler wurden demzufolge in die Einsatzgruppe G III eingestuft, die Zentrale 23023, die abgesetzt von der Produktionsanlage aufgestellt ist, besitzt eine Festigkeit entsprechend der Einsatzgruppe G II. Mit der Einstufung in eine der angegebenen Einsatzgruppen ist durch den Standard gleichzeitig der Schärfegrad der Prüfung zum Nachweis der Festigkeit festgelegt. Je nach den vorhandenen apparativen Voraussetzungen kann zwischen einer Schwingungsprüfung mit Gleitfrequenzen oder mit vorgegebenen Festfrequenzen gewählt werden. Grundsätzlich ist die Schwingungsprüfung mit gleitender Frequenz (Kurzzeichen FA statt FB 2) vorzuziehen. Nachteilig wirkt sich bei der Festfrequenzprüfung aus, daß

- nur einzelne Frequenzen herausgegriffen werden (Resonanzstellen können dabei nicht erfaßt werden, wenn sie zwischen zwei Festfrequenzwerten liegen);
- der Frequenzabstand auf der logarithmischen Skale konstant 5 Hz beträgt (größerer relativer Abstand bei den unteren Frequenzen);
- der Frequenzbereich nur bis 150 Hz (bei Gleitsinusprüfung bis 500 Hz) vorgeschrieben ist.

Im VEB Robotron-Meßelektronik „Otto Schön" Dresden (MKD) wird die Schwingungsprüfung gegenwärtig noch mit Festfrequenzen durchgeführt. Für die Einsatzgruppe G II gilt die Kurzbezeichnung:

FB 2 — 10/15 ... 150 — 0,15/2 — 10

- 10 → Prüfzeit in min je Festfrequenz
- 2 → Beschleunigungsamplitude in g_n oberhalb der Schnittfrequenz (ca. 60 Hz) ($1\ g_n = 9{,}81\ ms^{-2}$)
- 0,15 → Wegamplitude in mm unterhalb der Schnittfrequenz
- 150 → Endfrequenz der Schwingungsprüfung
- 10/15 → Anfangsfrequenz der Schwingungsprüfung und Intervall der Festfrequenzen (5 Hz).

Dementsprechend ist für die Prüfung nach G III vorgeschrieben:

FB 2 — 10/15 ... 150 — 0,35/5 — 10.

Im allgemeinen erfolgt für industrielle Geräte bei MKD eine zusätzliche Stoßfolgeprüfung mit dem Schärfegrad:

Eb 6 — 15 — 500

- 500 → Anzahl der Stöße
- 15 → Spitzenwert der Beschleunigung in g_n
- 6 → Stoßdauer in ms.

Bei EGS-Geräten legt TGL 25063 fest, daß 60% der Anregung in Gebrauchslage des Gerätes und je 20% in den beiden senkrecht dazu stehenden Ebenen zu erfolgen hat. Diese Festlegung dürfte sich allgemein einbürgern.

Die Bedeutung dieser Prüfungen für die Schwachstellenerkennung geht am besten aus den statistischen Auswertungen der durchgeführten Prüfungen hervor. Bei MKD wurde im Auswertungszeitraum 1978 die nachfolgend angegebene Häufigkeit der Ausfallursachen bei Geräten als Folge der mechanischen Beanspruchung festgestellt [2]:

— Drahtbrüche und fehlerhafte Bauelemente:	57,8%
— Lösen von Schraubverbindungen:	28,9%
— Lösen von Steckverbindungen:	8,9%
— Lösen von Klebeverbindungen:	1,2%
— Sonstiges:	3,2%
	100,0%

Fast übereinstimmende Ergebnisse liefert die Auswertung an anderen Stellen [3]. Aus dem Material geht hervor, daß Ermüdungsbrüche an Drahtverbindungen und Lösen von Schraubverbindungen ca. 85% aller Ausfallursachen ausmachen. Durch zweckmäßige konstruktive Maßnahmen (Anschellen von Kabelbäumen, Anschlußdrähte in Schlaufen legen, Befestigung größerer freitragender Bauelemente, sachgerechte Ausführung von Schraubverbindungen) kann die Zuverlässigkeit von Geräten entscheidend beeinflußt werden.

Die Vermeidung von Transportschäden erfordert eine zweckmäßige Ausführung der Geräteverpackung. In Blatt 9 der TGL 14283 wird für die Verpackungsprüfung der Fall aus einer vom Gewicht des Gerätes abhängigen Fallhöhe vorgeschrieben. Beim freien Fall des Gerätes in der Verpackung auf unterschiedliche Flächen und Kanten darf keine Beschädigung des Gerätes eintreten.

Neuerdings gewinnt auch die Prüfung des unverpackten Gerätes durch freien Fall als unkomplizierte und wenig aufwendige Prüfmethode der mechanischen Festigkeit an Bedeutung. Der neue Entwurf des RGW-Standards „Prüfung mit freiem Fall" vom April 1979 (Ersatz für RS 4463-74) geht davon aus, daß die Kriterien

- Fallhöhe
- Fallanzahl auf eine starre, definierte Prüffläche und
- Fallrate (auf die Zeiteinheit bezogene Fallanzahl)

ausreichend sind für eine eindeutige Beschreibung der Prüfung und zur Gewährleistung der Reproduzierbarkeit der Ergebnisse.

Die Prüfverfahren auf Beständigkeit gegen die Einwirkung von Fremdkörpern und Wasser sind in TGL 15166, Blatt 1, enthalten. Als Kurzzeichen für den Schutz gegen Berührung, Eindringen von Fremdkörpern und Wasser wird eine Kombination verwendet, bestehend aus den

Buchstaben IP und einer zweizifferigen Zahl. Dabei bedeutet die erste Zahl (0 bis 6) die Kennziffer gegen Berührungs- und Fremdkörperschutz, die zweite Zahl (0 bis 8) die Kennziffer gegen Wasserschutz. Als Schutzgrad für die Strahler und Meßköpfe der Flächengewichtsmeßanlage FMM 24004 wurde entsprechend den Anforderungen IP 67 gewählt, das bedeutet Schutz gegen das Eindringen von Staub in das Innere der Geräte und Schutz gegen die schädliche Wirkung von Wasser beim Überfluten. Diese Klassifizierung entspricht etwa dem Staubschutz P 2 nach GOST 17785-72 und dem Wasserschutz B 4 nach GOST 17786-72.

3. Zuverlässigkeit

Die Zuverlässigkeit der industriellen Meß-, Steuer- und Regeltechnik gewinnt in ständig steigendem Maße an Bedeutung, da mit zunehmender Kompliziertheit der eingesetzten Geräte auch deren Ausfallhäufigkeit steigt. Die zur Gewährleistung der Zuverlässigkeit industrieller Erzeugnisse zu beachtenden allgemeinen Forderungen sind in der Vorschrift ASMW-VW 1290 des Amtes für Standardisierung, Meßwesen und Warenprüfung der DDR zusammengefaßt. Mit der Verbindlichkeit der TGL 14283, Blatt 15 ab 1. 2. 1979 wurde durch diesen Standard, der neben einer Begriffsbestimmung die Methodik des Zuverlässigkeitsnachweises von elektronischen Meßgeräten, die rechnerische Abschätzung von Zuverlässigkeitskenngrößen und Vorschriften für die Zuverlässigkeitsarbeit während der Geräteentwicklung beinhaltet, die bis dahin verbindliche Vorschrift DAMW-VW 592 abgelöst. Weitere Festlegungen zur Vorausbestimmung der Zuverlässigkeitskennwerte industrieller Erzeugnisse enthalten die einzelnen Blätter der TGL 26096 — Zuverlässigkeit in der Technik. In Blatt 4 dieser TGL sind der Auswahlalgorithmus und ein Beispiel zur Vorausbestimmung von Zuverlässigkeitskennwerten unter Berücksichtigung ökonomischer Randbedingungen enthalten.

Entsprechend der Bedeutung der Zuverlässigkeit industrieller Geräte für den Anwender und ausgehend davon daß die Geräteeigenschaft „Zuverlässigkeit" bereits von Beginn der Entwicklung an durch zielgerichtete Maßnahmen verwirklicht werden muß, wurde im Betrieb MKD unter Zugrundelegung oben angeführter Vorschriften eine „Richtlinie Zuverlässigkeit" ausgearbeitet und für die Geräteentwicklung für verbindlich erklärt. Sie enthält konkrete Festlegungen über die in den einzelnen Entwicklungsstufen eines Erzeugnisses durchzuführenden Zuverlässigkeitsarbeiten.

Bereits bei Entwicklungsbeginn ist eine Einstufung des Erzeugnisses in eine der drei Nachweisgruppen bezüglich der Zuverlässigkeitsprüfung vorzunehmen:

Nachweisgruppe 1: Erzeugnisse, an die höchste Anforderungen bezüglich Zuverlässigkeit gestellt werden müssen, weil von ihrer Funktionssicherheit Menschenleben oder hohe Sachwerte abhängen.

Nachweisgruppe 2: Erzeugnisse, bei denen die Kenntnis der Zuverlässigkeitskenngrößen von großer Bedeutung ist, insbesondere Geräte der industriellen Elektronik, wie z. B. das FMM 24004.

Nachweisgruppe 3: Alle übrigen Erzeugnisse, z. B. Meßgeräte für Laborzwecke.

Mit dieser Einstufung ist zwangsläufig auch die Form und die statistische Sicherheit der erforderlichen Nachweisführung einschließlich der Kriterien für den bestandenen Nachweis festgelegt. Für Erzeugnisse der Nachweisgruppe 1 ist die Art des Nachweises einschließlich Kriterien für den bestandenen Nachweis zwischen Hauptanwender, Hersteller und ASMW entsprechend den konkreten Einsatzbedingungen zu vereinbaren. Für Geräte der Nachweisgruppe 2 ist die theoretisch ermittelte mittlere Arbeitsdauer mit einer statistischen Sicherheit von 90% nachzuweisen, jedoch sollte der maximal nachzuweisende Kennwert aus ökonomischen Gründen 2000 h nicht überschreiten. Der Nachweis der mittleren Arbeitsdauer für Geräte der Einsatzgruppe 3 erfolgt an mindestens 2 Geräten über eine Betriebsdauer von 500 h je Gerät. Der Nachweis gilt als bestanden, wenn keine systematischen Ausfälle auftraten und der aus der Zahl der im Nachweiszeitraum aufgetretenen Zufallsausfälle berechnete mittlere Arbeitsumfang mit einer statistischen Sicherheit von 60% einen Wert von mindestens 500 h ergibt.

Ein Beispiel für die Berechnung der mittleren Arbeitsdauer bis zum Ausfall des Gerätes unter Zugrundelegung definierter Ausfallraten von Bauelementen ist in TGL 14283, Blatt 15, aufgeführt. Die erforderliche Ausfallratenliste wird vom Institut für Nachrichtentechnik herausgegeben und ständig auf dem letzten Stand der Erkenntnisse gehalten. Die Abhängigkeit der Ausfallrate des Bauelementes vom Schärfegrad der Beanspruchung im speziellen Einsatzfall wird durch Auswahl von Belastungsfaktoren berücksichtigt.

Speziell für Geräte der Radioisotopen-Meßtechnik werden die Dauerlaufprüfungen im Labor durch Industrieerprobungen unter realen Einsatzbedingungen ergänzt. Hierbei kann der beteiligte Industriepartner, mit dem meist ein Erprobungsvertrag abgeschlossen wird, durch gewissenhafte und umfangreiche Auswertung des Betriebsverhaltens einen wichtigen Beitrag zur Qualitätssteigerung des Erzeugnisses liefern.

4. Arbeitsschutzvorschriften

Die Abwendung von Gefahren für den Anwender von Radioisotopengeräten ist ein vordringliches Anliegen sowohl bei der Entwicklung als auch beim Einsatz der Geräte in der Industrie. Das für jedes Erzeugnis erforderliche Schutzgütegutachten stellt ein wesentliches Dokument zur Bestätigung der Einhaltung der einschlägigen Arbeitsschutzvorschriften dar. Unter Schutzgüte versteht man die Gesamtheit der Merkmale der Güte der Arbeitsmittel und Arbeitsverfahren, die zur Kennzeichnung der vollen Erfüllung der Anforderungen des Gesundheits- und Arbeitsschutzes sowie des Brandschutzes erforderlich sind. Das Schutzgütegutachten wird von den bestehenden betrieblichen Schutzgütekommissionen nach entsprechender Beantragung durch die Entwicklungsabteilung und nach Prüfung der erforderlichen Voraussetzungen und Beratung durch die Kommission erteilt. Bei der Ermittlung der Schutzgüte geht die Kommission nach einem Leitschema vor, das im Gesetzblatt II Nr. 87 vom 12. 8. 1966 auf Seite 566 veröffentlicht ist. Das Leitschema umfaßt die Feststellung der möglichen Gefährdungen durch bewegte Teile, elektrische Ströme und Spannungen, Wärmestrahlung und andere Strahlungen, Lärm, Gase, Stäube, Dämpfe usw. Es beinhaltet weiterhin die Maßnahmen zur Abwendung der Gefährdungen durch sicherheitstechnische Mittel und evtl.

verbleibende Gefährdungen, auf die der Benutzer hinzuweisen ist.

Die rechtliche Grundlage für die Tätigkeit der Schutzgütekommissionen bildet die Arbeitsschutzverordnung vom 1. 12. 1977 (GBl. I Nr. 36 S. 405), speziell die §§ 3 bis 7. Der § 9 dieser Arbeitsschutzverordnung verpflichtet auch den Anwender industriell gefertigter Geräte, erkannte Mängel des Gesundheits- und Arbeitsschutzes sowie des Brandschutzes an neuerworbenen Arbeitsmitteln unverzüglich dem Herstellerbetrieb zu melden, damit dieser die erforderlichen Maßnahmen zur Einschränkung noch vorhandener Gefährdungen durchführen kann.

Für Radioisotopen-Meßgeräte wird das betriebliche Schutzgütegutachten durch die obligatorische Strahlenschutzbauartzulassung des Staatlichen Amtes für Atomsicherheit der DDR (SAAS) bezüglich der Einhaltung der bestehenden Strahlenschutzvorschriften ergänzt. Zur Erlangung der Strahlenschutzbauartzulassung ist an das SAAS ein Antrag zu richten, der neben einer umfassenden textlichen Beschreibung der strahlenschutztechnischen Besonderheiten des Erzeugnisses als notwendige Anlagen eine spezielle Strahlenschutzbauartzulassungszeichnung, bei verschiedenen Betriebszuständen gemessene Isodosenkurven und Betrachtungen hinsichtlich evtl. Havarien enthält. Aus der Strahlenschutzbauartzulassungszeichnung muß die Lage, Art und Aktivität der enthaltenen Radionuklide hervorgehen, die vorgesehenen strahlenschutztechnischen Maßnahmen einschließlich der verwendeten Abschirmmaterialien müssen ersichtlich und evtl. vorhandene automatisch wirkende Vorkehrungen zur Gewährleistung des Strahlenschutzes bei Außerbetriebsetzung des Gerätes erkennbar sein. Nach der im Erzeugnis der Prüfung durch das SAAS erfolgten Erteilung der Bauartzulassung bedarf jede technologische und konstruktive Veränderung der erneuten Bestätigung durch das SAAS.

Die Gesamtheit der einzuhaltenen Bestimmungen für den Gesundheits- und Arbeitsschutz bietet dem Anwender ein höchstmögliches Maß an Sicherheit beim Einsatz von Radioisotopengeräten. Die bestehenden Vorschriften gliedern sich in den Komplex der Maßnahmen ein, die die Sorge um den Menschen innerhalb des Produktionsprozesses zum Inhalt haben.

Eingegangen am 31. 1. 1980

Literatur

[1] *R. Kießling*, Isotopenpraxis **13** (1977) 248

[2] Interner Informationsbericht „Mechanisch-dynamische Prüfungen bei MKD". EZM 3–1/79 vom 20. 2. 1979

[3] Informationsschrift „8 Jahre Geräteprüfung eines Prüflabors – ein Erfahrungsbericht". TU Dresden, Sektion Informationstechnik 09-42-77

Beschreibung einer Apparatur zum hochgradigen Eindampfen spezieller Lösungen

E. Lehmann, O. Hladik, H. Friedrich

(Zentralinstitut für Kernforschung Rossendorf der AdW der DDR, Bereich RI)[1])

Der Beitrag zeigt ein prinzipielles Verfahren zum hochgradigen Eindampfen mit guten Ausbeuten an gelöstem Stoff sowie die dazugehörige apparative Gestaltung. Bestimmte Detailprobleme werden ausführlich beschrieben. Arbeitsgegenstand sind radioaktive wäßrige Lösungen, wie sie bei Prozessen der Kerntechnik anfallen.

(E51) INIS DESCRIPTORS:

evaporators; liquid wastes; performance; radioactive wastes; specifications

1. Problemstellung

Mit den in der Kerntechnik zu realisierenden Eindampfaufgaben verbinden sich sehr häufig Forderungen nach großem Durchsatz, selektivem Prozeßablauf sowie Erzielung einer hohen spezifischen Aktivität im Konzentrat.

Typische Fälle mit derartigen Randbedingungen sind beispielsweise bei der Herstellung kurzlebiger Nuklide und der Behandlung radioaktiv belasteter flüssiger Abfälle zu finden.

Meist ist auch noch erwünscht, das Kondensat möglichst aktivitätsfrei zu erhalten, d. h. Dekontaminationsfaktoren von größer 10^5 zu erzielen.

Bei der konstruktiven Gestaltung solcher Apparaturen ist die Beachtung der kerntechnischen Bedingungen unumgänglich, so daß auf den Einsatz einer extravaganten und komplizierten Technik verzichtet und auf einfache, robuste, langlebige, zuverlässige, strahlenresistente und fernbedienbare Bauteile zurückgegriffen werden muß. Kritische Systemkomponenten müssen darüber hinaus fernbedient reparierbar bzw. austauschbar sein.

So sollen beispielsweise im vorliegenden konkreten Fall 20 l einer ammoniakalischen Lösung (Eluat) mit einer Aktivität von ca. 10^{14} Bq innerhalb 2 Stunden auf eine Endmenge von ca. 50 ml bei Ausbeuten an gelöstem Stoff von über 90% eingedampft werden.

2. Funktionsprinzip

Die Hauptzielstellung des Eindamfprozesses, eine Reduzierung des Lösungsvolumens um den Faktor 10^2 bis 10^3, erfordert selbstverständlich auch die Anwendung einer entsprechenden Technologie. So wäre es selbst bei chargenweisem Betrieb der Anlage sehr unzweckmäßig, durch Wärmezufuhr zum gesamten Lösungsvolumen (diskontinuierliches

[1]) Anschrift: 8051 Dresden, Postfach 19

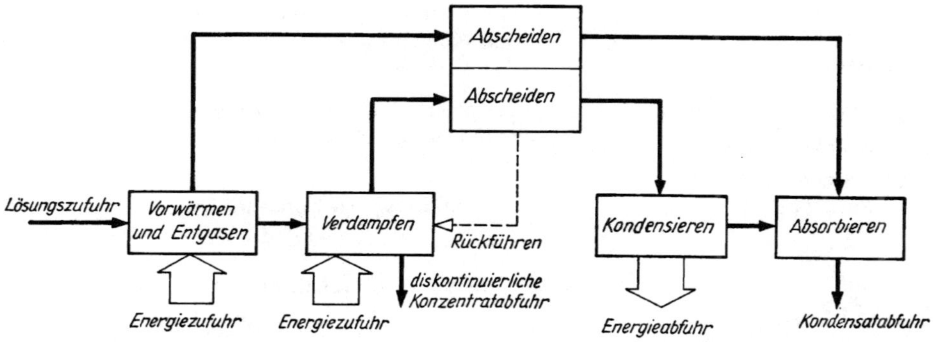

Abb. 1.

Verdampfen ohne Nachfüllung) in einem Schritt auf das geforderte geringe Endvolumen einzudampfen.

Auch ein kontinuierliches Verdampfen wäre problematisch, da bei der geforderten hochgradigen Volumenverringerung die sichere Benetzung der Heizfläche nicht mehr gewährleistet ist.

Es wird deshalb ein kombinierter Prozeßablauf angewandt, dessen prinzipielles verfahrenstechnisches Schema in Abb. 1 wiedergegeben ist.

Nach dem Füllen des Verdampfers mit Lösung und dem Hochheizen auf Nennleistung wird in zwei Schritten eingedampft (jeweilige Reduzierung des Lösungsvolumens etwa um den Faktor 20).

Der 1. Schritt (stationärer Betrieb) umfaßt das Verdampfen mit Nachfüllung bei:

- Nennleistung der Verdampferheizung (7 kW)
- konstantem Füllstand im Verdampfer (1,5 l) durch geregelten Zulauf der Lösung (10 l/h) aus einem Hochbehälter.

Der 2. Schritt (instationärer Betrieb) umfaßt das diskontinuierliche Verdampfen ohne Nachfüllung bis auf ein Konzentratvolumen von ca. 50 ml

- nach Zulauf der gesamten Lösungsmenge (20 l)
- bei stufenweiser Abschaltung der Heizleistung in Abhängigkeit vom Füllstand (unter 500 ml: 1,5 kW)

Die eingeklammerten Zahlenwerte beziehen sich auf die unter 3. beschriebene Apparatur.

3. Beschreibung der Apparatur

Abb. 2 zeigt den prinzipiellen Aufbau der Apparatur, wobei die Zahlen nachstehende Bauteile bezeichnen:

1 — Vorratsbehälter

Wegen der Forderung nach sicherer Entfernung von aus vorhergehenden Prozessen stammenden Feststoffresten ist er mit einem konischen Boden sowie einem speziellen Bodenventil (eine pneumatikbetätigte Zugstange zieht den Schließkegel in einen kantenförmigen Sitz) ausgerüstet. Vier diskrete Füllstandsgeber signalisieren den Flüssigkeitsinhalt („Elektrolytschalter" mittels hochfrequentem Wechselstrom).

2 — Füllstandsregler

Er arbeitet nach dem Schwimmer-Nadelventil-Prinzip (ein Quarzglaskörper mit eingeklebter V_2A-Spitze öffnet bzw. schließt den Zugang. Dessen Führung erfolgt durch eine Tetraederanordnung der Halteorgane). Drei diskrete Füllstandsgeber signalisieren den Flüssigkeitsinhalt des Verdampfers. Das Schwimmergehäuse ist durch zwei Verbindungsleitungen mit dem Dampf- bzw. Flüssigkeitsraum des Verdampfers verbunden.

3 — Verdampfer

Er besteht in seinem zylindrischen Teil aus einem Rohr 120 × 3, auf das 7 elektrische Heizstäbe spiralförmig mit Hartlot L Ag 40 aufgelötet sind. Jeder Heizstab hat 1 kW Leistung, 1 m gestreckte Länge und 8 mm Durchmesser und ist getrennt abschalt- bzw. regelbar. Der untere Teil des Verdampfers ist kegelförmig ausgeführt (30°-Kegel) und besitzt neben einer Bodenheizung (1,5 kW) ebenfalls ein pneumatikbetätigtes Bodenventil (siehe 1). Zur Überwachung der Heizstäbe gegen Durchbrennen und Überhitzung der Heizfläche (Feststoffzersetzung) sind 7 Thermoelemente auf dem zylindrischen Teil und 2 Thermoelemente auf der Bodenheizung im L Ag 40 hart mit eingelötet.

4 — Zyklonabscheider

Er dient der Zerstörung von Schäumen und der Abscheidung von Aerosolen. In ihn mündet das Überströmrohr tangential ein (Eintrittsgeschwindigkeit des Dampfes bei Nennleistung 40 m/s). Die Rückführung der abgeschiedenen Flüssigkeit in den Verdampfer erfolgt durch ein Tauchrohr.

5 — Füllkörperschüttung

Sie scheidet bei extremen Fahrweisen Flüssigkeitsreste ab. (Porosität 0,98; Schütthöhe 150 mm).

6 — Kondensator

Er ist ein stehender Rohrbündelapparat mit 0,02 m² Fläche.

7 — Absorber

Die im Kondensator niedergeschlagenen und gekühlten Wassermengen absorbieren das Ammoniakgas.

8 — Kondensatauffangtasse

Sie verhindert ein Durchschlagen des Ammoniakgases in die Entlüftungsleitung.

9 — Auffanggefäß für das Kondensat

Es enthält kontinuierliche (Schauglas) und diskrete (Elektrolytschalter zum oberen Grenzwert) Füllstandsanzeigen.

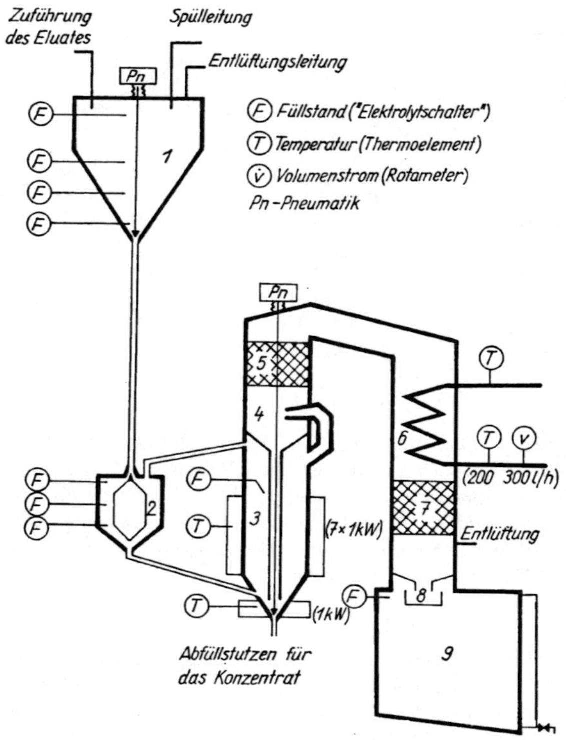

Abb. 2.

Bei speziellen Untersuchungen erwiesen sich folgende Probleme hinsichtlich ihrer konstruktiven Lösung als besonders schwierig:

- die Zulauf- bzw. Füllstandsregelung während des stationären Betriebes;
- die Zerstörung von entstehendem, sehr stabilem Schaum (im speziellen Fall hervorgerufen durch Anwesenheit von Al_2O_3- bzw. $Al(OH)_3$-Spuren);
- die Verhinderung eines Transportes von Feststoff in das Kondensat (d. h. Abscheidung und Rückführung der Aerosole);
- die Technologie der Einengung auf ein Konzentratvolumen < 100 ml bei guten Ausbeuten an gelöstem Stoff;
- die Abfüllung des Konzentrates.

4. Leistungsfähigkeit der Apparatur

Die Apparatur verhindert sicher einen Transportvorgang von Feststoff in Strömungsrichtung des Gas-Dampf-Gemisches. Das wird hauptsächlich durch den Zyklonabscheider erreicht, der die entstehenden sehr stabilen Schäume infolge der auftretenden hohen Schubspannungen zerstört und gleichzeitig einen Großteil der Aerosole abscheidet. Mit Hilfe von Aktivitätsmessungen konnte festgestellt werden, daß das Verhältnis des Feststoffes in der Ausgangslösung zum Feststoff im Kondensat größer als 10^5 ist.

Ein quantitativer Konzentrataustrag wurde durch die Art der Prozeßführung (insbesondere durch die Resteinengung mittels stufenweiser Heizleistungsabschaltung) sowie die Realisierung einer einfachen Verdampfergeometrie (Tropfverdampfer mit kegelförmigem Boden, einfachstem Bodenventil und kurzem Auslaufstutzen) erreicht. Experimentell wurde nachgewiesen, daß im speziellen Fall noch bei 30–40 ml Endvolumen Ausbeuten von über 90% erreichbar sind.

Abschließend sei auf analoge Anwendungsfälle hingewiesen, die ebenfalls hochgradiges Einengen erfordern, z. B. in der Arzneimittelindustrie oder die Beseitigung vergifteter, verseuchter oder stark radioaktiv verschmutzter Abfallösungen, deren Behandlung z. Z. noch erhebliche Probleme aufwirft.

Eingegangen am 31. 1. 1980

Effect of Different Doses of Ionizing Radiation on the Distribution of ^{137}Caesium in Rabbits

W. Łojek, S. Kossakowski

(The Veterinary Research Institute, Pulawy, Department of Radiobiology)[1])

Investigations were carried out on 180 rabbits irradiated with doses of 400, 800 and 1200 R and next contaminated intravenously with ^{137}Cs, 1 or 6 days after irradiation. Radioactivity of muscles and internal organs of the rabbits was determined at different periods. It has been found that the course of radiocaesium distribution in irradiated rabbits was slower and it remained on a lower level that in the control animals and its retention in the organism was prolonged. These changes depended mainly on the dose of ionizing radiation and contamination time after irradiation.

(C14; C21) INIS DESCRIPTORS:

biological localization; biological radiation effects; blood; brain; cesium 137; heart; kidneys; liver; lungs; muscles; rabbits; radiation doses; radionuclide kinetics; X radiation

Introduction

For many years biologists were not interested in caesium although its traces were often found in plants and animals; also its significance for plant and animal organisms has not been determined [32]. Just during the development of nuclear technique a greater attention was paid to this element and especially to its radioisotopes; among them ^{137}Cs is of the greatest biological and technical importance [2, 36]. This radioisotope is the main component of accidental radioactive contamination of the environment [9]. It is formed during disintegration of ^{233}U, ^{235}U and ^{239}Pu, it emits beta-rays (92 per cent) of maximum energy 0·51 MeV and gamma-rays (8 per cent) of energy 1·17 MeV [23].

Many investigations enabled us to know exactly complicated processes connected with passage of radioactive caesium to man and animals through land and water ecological chains [1, 33, 38]. It is also known that the main route of contamination with ^{137}Cs is the digestive tract and next the respiratory system and finally damaged skin and mucous membranes [1, 17, 39]. In man and animals, the greatest amount of radiocaesium is accumulated in muscles, smaller amounts are in internal organs and the smallest ones are in bones [5, 6, 11, 12, 27, 30, 34].

Radiocaesium accumulated in the organism may cause some genetic and somatic disorders [2, 18] and its greater amount — a postradiation disease [14, 19, 35]. This fact stimulated studies on the metabolism of ^{137}Cs in healthy animals. It is known that in case of accidental contamination of environment with radioisotopes the simultaneous external irradiation with ionizing rays is of great importance. Different and multidirectional action of ionizing radiation on animal organism is manifested, among other things, by disorder of metabolic processes which may have an effect on the metabolism of radioisotopes in an irradiated organism.

Such investigations were carried out by *Stojanovič* and *Milovajević* [37] who found that the penetration of ^{137}Cs through the skin was decreased and slower in rats irradiated with a dose of 600 R. *Gacević* et al. [13] demonstrated that in hens irradiated twice with a dose of 1100 R the accumulation and excretion of the radioisotope was slower for 7 days and more rapid after 15 days. *Dragonović* et al. [10] found decreased accumulation and increased excretion of ^{137}Cs in geese irradiated with 1050 R. *Majle* [25] demonstrated increased accumulation of ^{137}Cs in muscles and its longer retention in rats irradiated with doses of 100 or 200 R.

These investigations were rather fragmentary and they did not represent the full effect of ionizing radiation on the metabolism of ^{137}Cs in animals. Therefore, in this study different doses of ionizing radiation and various time of contamination of animals with this radioisotope, after their irradiation, were applied.

Experimental

Experiments were performed on 180 male and female rabbits, weighing about 3 kg and coming from the same animal colony. They were fed twice a day standard feed, according to accepted norms.

The rabbits were divided randomly into the four groups. Thirty, unirradiated rabbits of group I served as a control In group II sixty rabbits were irradiated with a dose of 400 R, and in group III 50 rabbits were given a dose of 800 R. In group IV, 40 rabbits were irradiated with the highest dose of 1200 R. The rabbits of all the 4 groups were contaminated with ^{137}Cs. In groups II — IV the rabbits were divided into two subgroups which were injected with radioactive caesium one or six days after irradiation.

The rabbits were irradiated with X rays apparatus (Siemens' bombe) using the following parameters: 180 KV, 20 mA, filter Cu 0·5 mm, dose 3·7 R/min. Radioactive caesium was administered intravenously in a form of caesium chloride solution ($^{137}CsCl$), produced by the Nuclear Research Institute at Świerk. The solution was injected once in a dose of 1294·6 Bq (77600 imp./min.). Clinical examinations were carried out in all the irradiated rabbits. In rabbits randomly selected from each group the number of leucocytes and *Schillings*'s blood picture were determined 1 and

[1]) Address: Partyzantów 57, 24-100 Pulawy, Poland

6 days after irradiation. In rabbits of groups II—IV the radiocaesium level was determined radiometrically in the following organs and tissues: the biceps brachialis muscle, quadriceps femoris muscle, blood, brain, lungs, heart liver and kidneys. In groups I and II, these measurements were carried out after 1 hour, 1, 2, 4, 15 and 30 days, in group III — at the same periods up to 15 days, and in group IV — up to the fourth day only as the period was limited by the survival time of the irradiated animals. In each of these periods 5 rabbits were examined. Samples were incinerated fractionally at 420 °C. For radiometric measurements, 100-mg incinerated samples (50-mg heart sample) were used. The samples were weighed by means of an analytical balance, type WA-31, exact to 0·0001 g. The measurements were done in a lead chamber, using a G-M counter type BOH-45 connected with an electronic re-counter PEL-5A.

Results

In irradiated rabbits apathy, decreased activity, lack of appetite and diarrhoea of different intensity, depending on irradiation dose, were found. The number of leucocytes decreased and that of neutrophiles increased but later their number diminished and finally the total number of leucocytes was reduced. In rabbits irradiated with 400, 800 and 1200 R the numbers of leucocytes were 27·8, 42·3 and 56·7 per cent after one day and 52·8, 59·0 and 76·1 per cent after 6 days, respectively.

The results of radiometric measurements are presented in Tabl. 1—4. One hour following irradiation, the greatest amount of radiocaesium in unirradiated rabbits was found in the kidneys (21·2 per cent of the injected dose), and next in the heart (50·0 per cent), liver (3·8 per cent), lungs (2·9 per cent), blood (0·7 per cent), shoulder muscles (1·4 per cent), thigh muscles (0·6 per cent) and brain (0·1 per cent). Four days after contamination, the radiocaesium level in these organs decreased and that in the muscles increased. It should be stressed that within 48 hours, the radiocaesium level was higher in shoulder muscles than that in tighh muscles, but later these differences gradually disappeared.

In irradiated rabbits, various fluctuations in the accumulation and excretion of radioactive caesium from different organs were found. They depended mainly on the irradiation dose and time after radiocaesium injection. One hour following irradiation blood radiocaesium level in irradiated rabbits was lower than that in control ones; this level was lower in rabbits contaminated 6 days after irradiation than in those contaminated one day following irradiation.

One hour after irradiation, the increased radiocaesium level was found in the brain of rabbits; in the animals contaminated 24 hours after irradiation it was higher than in the remaining animals. The maximum radiocaesium concentration in the brain was found after 4 days and it was higher in irradiated rabbits than in control ones. These differences were greater after 15 and 30 days.

Within 24 hours following contamination, the radiocaesium level in the heart of rabbits was similar to that in control ones. However, within a period of 2 to 30 days following irradiation the radiocaesium level was higher in irradiated rabbits than in control ones, with some insignificant fluctuations in subgroupes.

One hour after injection, the radiocaesium level in shoulder muscles of rabbits belonging to groups II and III was lower, and in rabbits of group IV it was similar to that of control rabbits. Within 1 to 4 days following contamination the radiocaesium levels in irradiated and control rabbits equalized and after 15—30 days the radioisotope concentration was higher in irradiated rabbits.

Within 30 days after contamination the radiocaesium concentration in the thigh muscles of all the rabbits was lower than, that in the shoulder cones. In irradiated rabbits, the radiocaesium concentration was lower one hour after irradiation and higher after 1—30 days than that in controls, with some irregular fluctuation in the subgroups.

Tab. 1. Rabbits unirradiated and contaminated with ^{137}Cs (control) — radioactivity in imp./min

Tested tissues and organs	1 hour	1 day	2 days	4 days	15 days	30 days
Thigh muscles	433 ± 33·83	689 ± 80·77	926 ± 21·09	744 ± 68·44	519 ± 18·51	179 ± 4·70
Shoulder muscles	1062 ± 95·49	1484 ± 144·31	1395 ± 70·51	1192 ± 47·68	499 ± 40·78	149 ± 5·54
Liver	2975 ± 222·05	2334 ± 126·65	1578 ± 82·89	786 ± 66·09	234 ± 23·08	61 ± 6·11
Kidneys	17021 ± 782·02	3603 ± 217·92	2041 ± 97·73	1158 ± 117·79	310 ± 28·21	86 ± 5·58
Heart	3854 ± 291·40	1169 ± 32·90	704 ± 30·06	354 ± 14·62	106 ± 6·23	32 ± 1·58
Blood	573 ± 26·50	238 ± 13·00	203 ± 8·41	148 ± 10·84	69 ± 8·47	34 ± 3·26
Lungs	2281 ± 162·44	985 ± 71·65	627 ± 17·93	332 ± 12·89	122 ± 8·22	33 ± 2·24
Brain	66 ± 2·08	140 ± 13·73	153 ± 5·56	143 ± 7·21	91 ± 6·23	32 ± 3·42

Tab. 2. Rabbits irradiated with 400 R and contaminated with ^{127}Cs — radioactivity in imp./min

Tested tissues and organs	1 hour		1 day		2 days		4 days		15 days		30 days	
	1*)	6**)	1	6	1	6	1	6	1	6	1	6
Thigh muscles	325 ± 32·96	392 ± 30·49	701 ± 45·88	830 ± 48·19	842 ± 49·71	791 ± 28·63	921 ± 24·08	766 ± 61·66	533 ± 17·77	514 ± 13·91	214 ± 9·50	224 ± 12·18
Shoulder muscles	907 ± 61·12	863 ± 72·38	1382 ± 127·07	1420 ± 17·72	1341 ± 112·30	1278 ± 68·01	1256 ± 43·52	1132 ± 41·13	575 ± 25·59	524 ± 30·03	199 ± 5·72	207 ± 17·26
Liver	3064 ± 242·37	3064 ± 9696	2205 ± 185·18	2572 ± 63·68	1611 ± 82·92	1667 ± 63·06	942 ± 99·81	772 ± 18·61	278 ± 18·09	253 ± 22·87	82 ± 6·86	91 ± 7·80
Kidneys	15510 ± 622·78	15825 ± 1133·92	3676 ± 350·59	3411 ± 243·22	2324 ± 185·98	2137 ± 6364	1229 ± 67·16	1380 ± 71·82	423 ± 45·89	388 ± 18·42	122 ± 5·13	140 ± 6·28
Heart	3442 ± 188·26	3406 ± 292·87	1087 ± 53·84	1129 ± 75·00	806 ± 51·55	635 ± 49·49	461 ± 23·64	363 ± 27·58	149 ± 13·22	129 ± 12·50	45 ± 0·78	46 ± 2·71
Blood	497 ± 27·87	433 ± 20·41	228 ± 18·45	242 ± 4·43	208 ± 18·91	204 ± 11·82	154 ± 13·50	120 ± 3·94	43 ± 6·32	66 ± 11·49	39 ± 4·21	32 ± 6·42
Lungs	2090 ± 115·60	1934 ± 84·12	1050 ± 102·71	983 ± 42·16	780 ± 39·72	587 ± 16·06	375 ± 26·94	306 ± 27·41	121 ± 14·92	114 ± 10·36	43 ± 3·94	62 ± 9·41
Brain	76 ± 5·79	67 ± 5·06	157 ± 9·61	145 ± 12·52	177 ± 8·91	148 ± 6·91	182 ± 5·32	172 ± 16·50	101 ± 6·93	99 ± 6·52	39 ± 2·53	50 ± 4·08

*) = after 1 day; **) = after 6 days

Tab. 3. Rabbits irradiated with 800 R and contaminated with ^{137}Cs — radioactivity in imp./min

Tested tissues and organs	1 hour		1 day		2 days		4 days		15 days	
	1*)	6**)	1	6	1	6	1	6	1	6
Thigh muscles	289 ± 4·23	356 ± 18·46	669 ± 44·39	653 ± 43·87	731 ± 60·71	642 ± 21·84	895 ± 70·86	731 ± 100·59	558 ± 20·25	428 ± 27·82
Shoulder muscles	851 ± 36·55	732 ± 34·99	1294 ± 100·78	1205 ± 69·99	1359 ± 61·16	997 ± 84·44	1252 ± 137·44	1077 ± 60·06	544 ± 20·21	503 ± 21·34
Liver	2807 ± 54·35	2390 ± 123·31	1878 ± 80·09	2231 ± 167·61	1506 ± 52·70	1269 ± 96·99	680 ± 57·98	672 ± 69·91	258 ± 26·25	235 ± 24·34
Kidneys	14655 ± 1253·55	14571 ± 726·68	3146 ± 239·58	3072 ± 149·98	2152 ± 106·15	1669 ± 123·53	1232 ± 101·16	1262 ± 107·91	445 ± 33·54	340 ± 35·03
Heart	3452 ± 198·96	3189 ± 101·43	1128 ± 91·52	1194 ± 46·74	755 ± 15·28	565 ± 51·03	398 ± 51·97	432 ± 38·09	135 ± 11·98	126 ± 8·50
Blood	493 ± 24·96	414 ± 34·33	190 ± 13·88	182 ± 6·58	161 ± 9·70	187 ± 5·57	142 ± 17·70	126 ± 13·67	56 ± 12·63	42 ± 2·78
Lungs	2016 ± 118·13	2146 ± 142·82	1005 ± 51·36	854 ± 33·30	658 ± 48·13	534 ± 52·95	274 ± 25·87	319 ± 39·63	120 ± 4·80	105 ± 11·00
Brain	83 ± 6·95	72 ± 7·07	138 ± 10·92	157 ± 15·24	189 ± 16·85	156 ± 27·66	212 ± 17·25	213 ± 20·62	106 ± 7·82	110 ± 6·67

*) = after 1 day; **) = after 6 days

Tab. 4. Rabbits irradiated with 1200 R and contaminated with ^{137}Cs — radioactivity in imp./min.

Tested tissues and organs	1 hour		1 day		2 days		4 days	
	1*)	6**)	1	6	1	6	1	6
Thigh muscles	439 ± 19·24	414 ± 51·91	834 ± 54·21	833 ± 61·01	905 ± 76·78	1044 ± 100·95	1205 ± 95·58	808 ± 77·90
Shoulder muscles	1031 ± 67·05	1060 ± 105·72	1490 ± 82·03	1358 ± 107·59	1476 ± 155·08	1619 ± 142·97	1776 ± 186·23	1166 ± 109·81
Liver	2815 ± 165·79	2384 ± 62·71	1886 ± 71·13	2511 ± 97·95	1574 ± 103·31	1962 ± 54·92	1053 ± 63·95	1744 ± 60·83
Kidneys	12840 ± 432·52	13785 ± 1105·50	3196 ± 264·81	3263 ± 141·66	2279 ± 112·97	2222 ± 173·09	1579 ± 189·11	1140 ± 57·90
Heart	3602 ± 154·50	3746 ± 104·93	1179 ± 68·84	1175 ± 53·36	778 ± 47·54	820 ± 40·74	578 ± 21·76	409 ± 28·44
Blood	484 ± 48·33	380 ± 35·88	218 ± 12·33	230 ± 10·84	170 ± 15·07	178 ± 8·44	214 ± 26·48	114 ± 12·87
Lungs	2319 ± 187·85	1960 ± 49·32	859 ± 97·86	921 ± 27·55	660 ± 45·82	702 ± 34·95	501 ± 29·98	334 ± 35·35
Brain	94 ± 9·63	74 ± 4·13	154 ± 10·76	144 ± 8·07	194 ± 16·15	192 ± 11·66	261 ± 15·28	172 ± 5·98

*) = after 1 day; **) = after 6 days

In the lungs of control and irradiated rabbits the radiocaesium distribution was in general similar. After 30 days, the radiocaesium concentration in the lung of rabbits irradiated with 400 R was greater than in controls but in rabbits contaminated 6 days after irradiation the concentration was higher than in those contaminated after one day.

In the kidneys of oirradiated rabbits the ^{137}Cs level was insignificantly lower than in controls, independently of the irradiation dose and contamination time; however, after 2—4 days it was somewhat higher. After 15—30 days the radiocaesium level in irradiated rabbits was significantly higher than that in controls.

Two days after contamination the radiocaesium level in the liver of rabbits of group II was similar to that of controls, and in rabbits of groups III and IV it was somewhat lower than in controls. After 4 days the radiocaesium accumulation in irradiated rabbits increased, and after 30 days a significant increase in radiocaesium level was found in rabbits of group II. This inerease was higher in rabbits contaminated 6 days after irradiation than in those contaminated one day after irradiation.

Discussion

Clinical symptoms observed in irradiated rabbits were indicative of acute and subacute postradiation disease [18, 20, 21]. This was confirmed also by haematological findings, similar to those described by *Dienstbier* et al. [8] and *Kilman* [26]. Forty-five per cent of rabbits irradiated with 800 R died within 16—30 days and all the rabbits which received a dose of 1200 R died within 8—13 days.

Radiometric measurements of radiocaesium content in the examined organs of unirradiated rabbits are, in general, in accordance with data reported by other authors [5—7, 12, 16]. Differences found in some animals are related with changes occurring in their organs. These changes have an effect on a biologic half-life lasting 110—140 days in man, 40 days in cattle and 15·9 days in rats [21].

Distribution of the radioisotope in irradiated rabbits was slow and it remained on a low level with prolonged retention. These changes depend usually on the irradiation dose and contamination time. In the radiosotope distribution a very important feature is different susceptibility of animal organs to ionizing radiation. The estimation of this susceptibility should be based not only on morphological changes but also on functional ones. Typical examples of this are data concerning the nervous [24] and cardio-circulatory systems [22]. It seems that the above-mentioned effect of ionizing radiation on the accumulation and excretion of radiocaesium from the examined organs may be related with haemodynamic [4, 22], and haematologic [3, 15, 31] changes occurring in an organism after its irradiation. Important factors are also postradiation changes in the electrolyte metabolism, especially that of potassium, to which caesium metabolism is very similar [28, 29].

The increased radiocaesium content in the brain is an important finding from the point of view of the pathogenesis of postradiation injuries caused by internal contamination with radiocaesium. The increased amount of this isotope in the brain of irradiated rabbits and high energy of its radiation may produce functional disorders in the central nervous system. Then, these changes may have a significant effect on various pathophysiological postradiation processes.

It should be stressed that meat and internal organs of animals contaminated with radiocaesium are important factors in radioactive contamination of man. Therefore, it is worthy to emphasize the similarity between radiocaesium concentration in the blood and muscles of both unirradiated and irradiated animals. It seems that this finding may be used for intravitam estimation of animals contaminated with radiocaesium and destined for slaughter.

Received January 30, 1980

References

[1] *R. M. Alekzakhina, W. P. Parchewski,* Woprosy radioekologii Atomizdat. Moskwa 1968
[2] *H. Blatz,* Introduction to Radiological Health McGraw-Hill Book Comp. New York 1964
[3] *E. P. Cronkite,* U. S. Armed Forces Med. J. **2** (1951) 1019
[4] *S. B. Danijarov,* Radiobiol. **12** (1972) 458
[5] *M. Decowski,* Med. wet. **4** (1969) 129
[6] *M. Decowski, E. Gogacz,* Pol. Arch. Wet. **15** (1972) 4
[7] *J. Derecki,* Roczniki WIHE **5** (1966) 93
[8] *Z. Dienstbier, M. Arient,* Eksperimentalni postiradiacni syndrom. Praha 1966
[9] Diagnosis and treatment of radioactive poisoning IAEA. Vienna 1963
[10] *B. Dragonović, T. Kragović, P. Petrović, B. Petrović,* Acta veter. **24** (1974) 41
[11] *J. Eapen, N. Narayanan,* J. Radiol. Res. **12** (1971) 51
[12] *L. Ekman,* Acta veter. scand. **2** (1961) 1
[13] *M. Gacević, D. Petrović, B. Dragonović, B. Leskov,* Acta veter. **23** (1973) 217
[14] *L. J. Geller,* Med. Radiol. **2** (1963) 23
[15] *G. P. Gruzdow,* Problema porażenia krowetwornoj tkani pri ostroj luczewoj patologii. Moskwa 1968
[16] *F. Havliček, J. Hrusovski,* Suppl. 9 Sbor. Ved. Praci. VVVU. Praha 1973
[17] *R. Hesp,* Nature **206** (1965) 4990
[18] *W. I. Kirishkin, W. N. Deshchenko, W. N. Podgorodetska, Z. B. Tokarska,* Med. Radiol. **8** (1963) 33
[19] *S. A. Kirillov, J. W. Wissonov,* Med. Radiol. **12** (1968) 20
[20] *S. A. Kissilov, J. W. Wissonov,* Med. Radiol. **11** (1971) 47
[21] *S. Kossakowski,* Weterynaryjna ochrona radiologiczna, WSR Lublin 1970
[22] *S. Kossakowski, W. Łojek, J. Kuczyński,* Pol. Arch. Wet. **17** (1975) 4
[23] *C. M. Lederer, J. M. Holland, J. Perlman,* Table of Isotopes (6-th edit.) Berkeley California (1-st edit. 1967)
[24] *M. N. Livanov, D. A. Briyukov,* Changes in the nervous system caused by ionizing radiation. II United Nations Inter. Confer. on the Paceful Uses of Atomic Energy P/2315 – 1958
[25] *T. Majle,* Rocznik PZH **21** (1970) 497
[26] Manual on Radiation Hematology IAEA Vienna 1971
[27] *R. O. McClellan, I. R. McKenney, L. K. Busted,* Nature **194** (1962) 1145
[28] *J. I. Moskalev, W. G. Kulikova, S. A. Rogacheva,* Med. Radiol. **4** (1960) 47
[29] *A. Morgan, C. M. Arkell,* Nature **191** (1961) 1100
[30] *N. Narayanan, I. Eapen,* Caesium-137 in pigeon with special references to muscles. Basic Mech. Radiol. Biol. Med. Proc. New Delhi 1971, 609
[31] *B. Pendič,* Katastrofa na reaktore nulewoj moszcznosti w Wincze. Trudy naucznoj konferencji n. t. Diagnostika, leczenie ostrych luczewnych porażenij organizowanej po IAEA i WHO, Żenewa 1960, Moskwa 1962
[32] *A. Portela, I. Perez, P. Stewart,* Nature **199** (1963) 815
[33] Radioaktiwnaja zagraznennost morej i okeanow Izd. „Nauka" Moskwa 1964
[34] *P. W. Romzaev, M. W. Trilska,* Med. Radiol. 8 (1968) 44
[35] *H. Redman, McClelle,* Radiat. Res. **50** (1972) 629
[36] *M. Sneed, R. Brasted,* Comprehensive Inorganic Chemistry Vol. VI – Alkali metals. New York 1957
[37] *D. Stojanovič, K. Milovojevič,* Strahlentherapie **141** (1971) 93
[38] *S. Wlodek,* Ekol. Polska B, **14** (1968) 199
[39] *N. A. Zapolska, G. I. Smorodineva, W. G. Mikhailov,* Radiobiol. **7** (1967) 605

Aus der Praxis

The Use of Radio-Release Methods for the Determination of Some Water Pollutants

(B11) INIS DESCRIPTORS:

chromates; hydrochlorid acid; krypton 85; laboratory equipment; oxygen; pH value; radio-release analysis; vanadium; water pollution

Introduction

Water pollution is a global problem of expanding concern, not only because of an ever larger number of chemicals being added by man to the hydrologic cycle, but also because of the greatly increased need for larger and larger amounts of useable water. The latter factor has required multiple reuse in many parts of the world, and hence placed greater demands on pollution control technology. At the same time, we are gradually becoming more aware of the sometimes subtle and complex effects of pollutants on the behavior of the hydrologic cycle itself; problems of accelerated eutrophoication, long-term contamination of underground water, and unexpected effects of sediment contamination are only a few examples. A potentially far-reaching factor is the surprisingly recent realization that we have inadequate information about the environmental behavior and ultimate fate of many pollutants; e.g. the heavy metals.

A wide array of reliable analytical techniques for chemical parameters is absolutely crucial to any significant effort at water pollution identification and control.

In the past, the only water analysis performed utilized simple procedures, such as gravimetric and titrimetric methods. However, because of the above considerations, there is a great need for techniques that are far more sensitive, accurate, and free from interferences. Water analysis has become an exciting challenge to even the finest, most experienced analytical chemists.

Polluted water rarely can be analyzed satisfactorily by a single method; rather a group of methods is required because of differences in the chemical nature of the parameters sought, wide variations in concentration ranges, and sometimes great differences in the general composition of the water samples. The list of analytical methods in use for pollution analysis is impressive; it includes: gravimetric and volumetric methods; visible, ultraviolet and infra-red absorption spectrophotometry; emission spectroscopy, including flame photometry and x-ray fluorescence; atomic absorption spectrophotometry; gas, liquid and thin-layer chromatography; conductivity; anodic stripping voltametry; coulometry; polarography; x-ray diffraction; mass spectrometry; neutron activation analysis.

Since no one method is a general solution to our analytical problems, there is a continuing need for the development of new techniques. Radio-release methods have been successfully used in a number of areas. In a recent paper [1], we pointed out the potential use of radio-release methods in air pollution analysis. They show considerable promise in water pollution analysis as well. It is the purpose of the present paper to review briefly some studyies which demonstrate that, in favourable cases, these methods could become a valuable addition to the measurement of water pollutants.

The fundamental principles of radio-release methods have been discussed by *Tölgyessy* and *Varga* [2]. The preparation, properties and uses of radioactive Kryptonates in chemistry and related scientific areas have been described in detail by *Tölgyessy*, *Varga* and *Klehr* [3]. Basically, radio-release methods include procedures in which the non-radioactive test substance is brought into contact with a radioactive reagent, and as a result of an appropriate reaction, a portion of the radioactivity is released. The release generally involves the transfer from a solid to a liquid or gaseous phase, or from a liquid to a gas phase. A characteristic feature of the method is that the radioactive substance leaves the solid or liquid phase without replacement by a non-radioactive material.

The determination is carried out most often using a calibration curve, which is constructed by plotting the quantity of released radioactivity, or in some cases the rate of release, versus the concentration of the determined substance. In some cases it is possible to calculate the amount of component determined directly from the amount of radioactivity released, provided the specific activity of the reagent and the stoichiometry of the reaction are known.

Radio-release methods may be classified, according to the type or radioreactive regeants employed, into methods using Kryptonates, methods based on the use of metals, and methods using salts and/or other substances.

Oxygen [4–11]

Dissolved oxygen has long been a constituent of major concern in water quality studies and pollution control. It is vital in the protection of desirable fish and other important aquatic species which must have adequate oxygen levels in order to survive.

Secondly, the presence or absence of oxygen is a major determinant of water quality. In its presence, the water is an oxidizing environment, and hence most inorganic species tend to be in higher oxidation states [Fe(III), Mn(IV), S(VI), N(V), etc.]. In its absence, these same elements tend to be present as reduced forms [eg. Fe(II), Mn(II), S(-II), N(-III), etc.]. Aerobic biological degradation of organic material is relatively rapid, and leads to CO_2 and H_2O. The absence of oxygen destroys the aerobic organisms, and anaerobes take their place. Anaerobic biological decomposition of organic material is relatively slow, energy inefficient, and leaves partially degraded, noxious organic compounds such as acids, alcohols, mercaptans, etc.

The measurement of dissolved oxygen in water has been a difficult analytical problem. One of the reasons is its very limited solubility; hence any method must be quite sensitive. The solubility of oxygen as a function of temperature and pressure is given in Fig. 1.

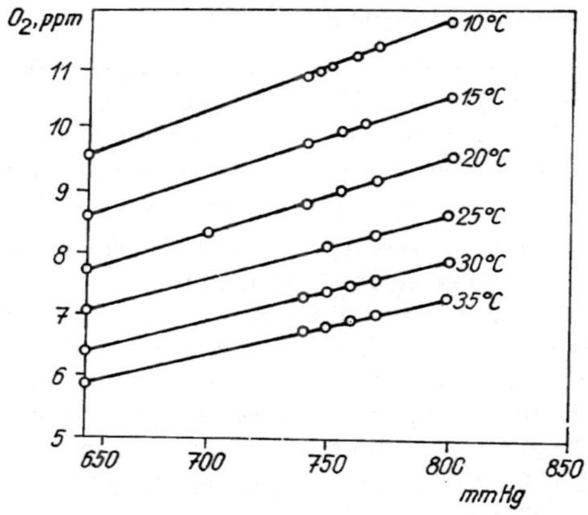

Fig. 1. Solubility of oxygen in water at various temperatures and pressures

Dissolved oxygen can be measured by the use of radioactive thallium Kryptonate [3, 4]. The measurement is based on the reaction:

$$4\,Tl[^{85}Kr] + O_2 + 2\,H_2O \rightarrow 4\,Tl^+ + 4\,OH^- + {}^{85}Kr\uparrow.$$

The radioactive krypton isotope used for labelling the thallium metal is an inert gas; hence it is relatively safe to use. Because the reaction product is a gas, it is easy to separate from the analyzed system and to measure its activity or the radioactive thallium Kryptonate. The reaction is stoichiometric, therefore the amount of radioactive krypton released, and the reduction of residual activity in the kryptonated thallium are proportional to the dissolved oxygen concentration in the sample under conditions of constant pH. The thallium carrier can be prepared by coating a copper or platinum plate, or copper turnings, with thallium electrolytically. The carrier is then kryptonated by bombardment with ^{85}Kr ions or by diffusion.

The radioactive thallium Kryptonate can either be placed into the sample, or the sample passed through a column of the turnings. Either the released ^{85}Kr or the decrease of activity of the thallium Kryptonate can be measured. The analysis can be automated.

Using distilled water samples, the decrease in activity of the thallium Kryptonate was found to be linearly related to the concentration down to the lowest concentration investigated (0·3 ppm). Typical data are presented in Fig. 2.

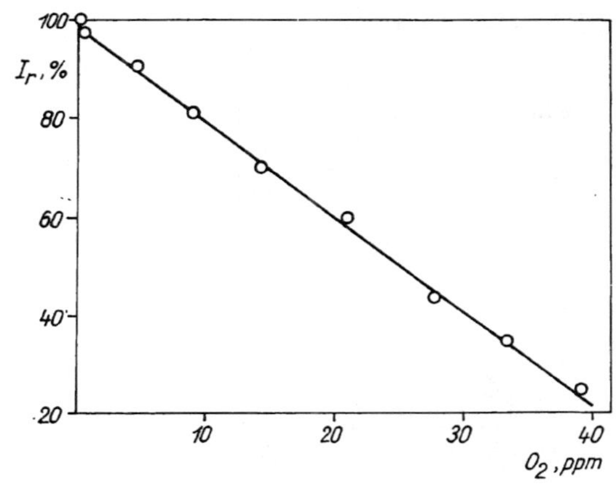

Fig. 2. Calibration curve for oxygen determination

Measurement of pH [7, 11–14]

The *p*H of a water sample can be measured by making use of the fact that the dissolution of thallium Kryptonate is *p*H dependent (and therefore the release of ^{85}Kr also) at conditions of constant temperature and pressure. These conditions are of course related to oxygen concentration.

In a study of this method [13], thallium carriers were prepared by electroplating thallium metal onto well polished disks of copper, 16 mm in diameter. The electrolysis solution contained 1·1 g of $TlNO_3$, 10 ml acetic acid, and 5 g sodium acetate in 100 ml of water. The copper disk served as the cathode, and a platinum wire was used as the anode. The best thallium deposition was obtained with 2 V potential, a current density of 5 mA/cm², and an electrodeposition time of 40 min.

The thallium carriers were kryptonated by ion bombardment at an accelerating potential of 10 kV, an ion current of 2 μsA, and 2-min bombardment times.

To make a *p*H measurement, the thallium Kryptonate disk was submerged in 20 ml of solution for a desired time. The disk was then dried in a desiccator under reduced pressure, and its residual activity measured. The *p*H was determined from an appropriate calibration chart.

Fig. 3 shows the time dependence of the reaction. Based on such a curve, an optimum sample/Kryptonate contact time was chosen as 60 s. Fig. 4 shows a calibration curve for *p*H determination with 60 second contact time. As the figure indicates, the residual activity of the Kryptonate was found to be linearly related to the *p*H at constant experimental conditions of reaction time, temperature, and pressure.

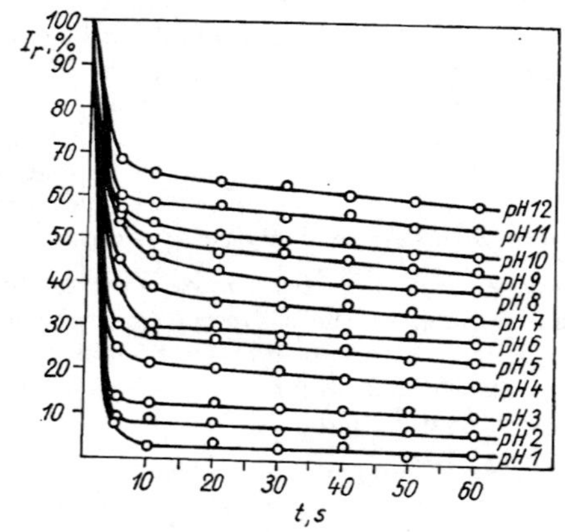

Fig. 3. Time dependence of the reduction in residual activity of the thallium Kryptonate in solutions of various *p*H values

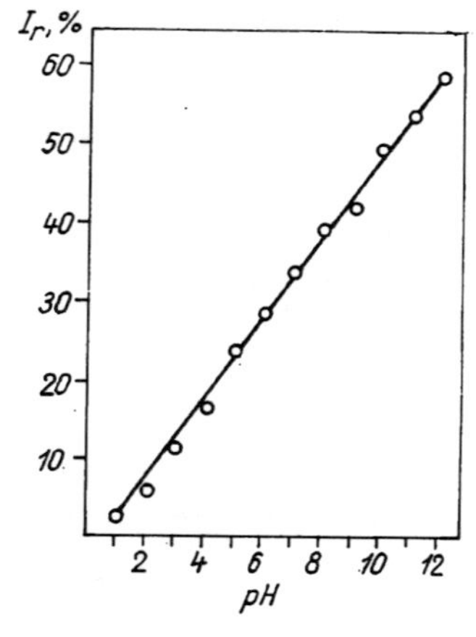

Fig. 4. Calibration curve for *p*H determination

Dichromate [3, 11, 15]

Hexavalent chromium is irritating and corrosive to mucus membranes, and has been shown to be toxic to test animals when administered systematically. Lung cancer from inhalation, ulceration and perforation of the nasal system have been observed. It is also a powerful sensitizer for the skin.

Fish appear to be relatively tolerant to chromium, but some aquatic invertebrates are quite sensitive. Toxicity varies with species, chromium oxidation state, and *p*H.

Based on rather limited data, the Environmental Protection Agency of the United States has established a criteria of 50 μg/l of chromium for domestic water supplies, and 100 μg/l for freshwater aquatic life.

A radio-release method for the determination of dichromate has been reported [11, 15]. It makes use of radioactive silver Kryptonate according to the reaction:

$$Cr_2O_7^{2-} + 6\,Ag\,[^{85}Kr] + 14\,H^+ \rightarrow 6\,Ag^+ + $$
$$+ 2\,Cr^{3+} + 7\,H_2O + {}^{85}Kr\uparrow .$$

The electrochemical potentials of the Ag/Ag^+ and $Cr^{3+}/Cr_2O_7^{2-}$ couples are such that the reaction is expected to be quantitative and sufficiently rapid to make feasable a radio-release method. As with similar radio-release methods based on Kryptonates, either the activity of the released ^{85}Kr, or the residual activity of the $Ag[^{85}Kr]$ can be used as a measurement.

The method requires the use of a calibration curve such as given in Fig. 5, which was developed using neutral solutions of potassium dichromate in the concentration range of 0·0125 N to 0·1 N. It has been shown that Fe(III), chloride, and nitrate interfere with the determination.

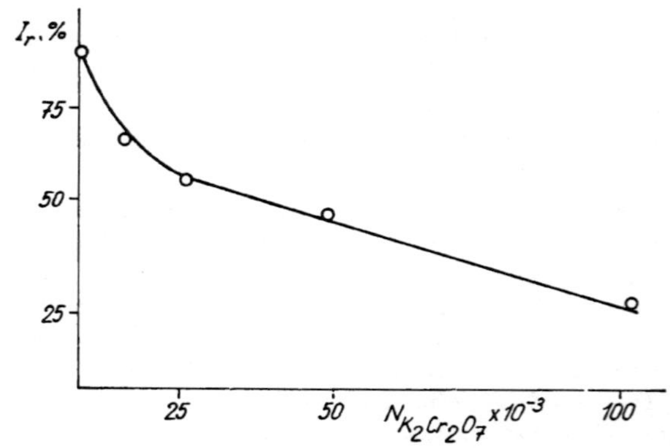

Fig. 5. Calibration curve for dichromate determination

Vanadium [3, 11, 15]

Minerals containing vanadium are found throughout the lithosphere. It is used in the manufacture of steel and glass, in photography, and as a mordant in the textile industry. The aqueous chemistry of the element is quite complex, because of several possible oxidation states, and it is only partially understood. Trace amounts have been found in water (0·02—0·15 mg/l range), and in several soils, where values as high as 470 mg/kg have been reported.

Vanadium is known to lower the free cholesterol and lipid content of certain warm-blooded animals, including man. It has also been reported to reduce dental caries in human teeth at concentrations of 0·03 to 0·22 mg/l in drinking water.

The element apparently can stimulate plant growth, and mitigate the deleterious effects of iron deficiency. It is possibly and essential micro-nutrient for all green plants, although this has not been verified.

On the other hand, excessive levels of vanadium have been demonstrated to be lethal to rats, and certain species of fish. There seems to be a scarcity of information on the health effects of vanadium on humans.

Vanadate can be measured in aqueous solutions using silver Kryptonate in a procedure similar to that reported above for dichromate [15]. The reaction is carried out in fluoride solutions, and can be described as:

$$V(OH)_4^+ + 2\,H^+ + Ag[^{85}Kr] \rightarrow VO^{2+} + Ag^+ + 3\,H_2O + {}^{85}Kr\uparrow .$$

To study the method, a series of solutions were made up as follows: 0,2 ml of $NH_4 \cdot HF$ (300 mg $NH_4 \cdot HF$ per ml) and 0·15 ml of concentrated H_2SO_4 were added to 50 ml of ammonium vanadate solutions of varying concentrations. A typical calibration curve is given in Fig. 6. As the curve shows, the method is quite sensitive; a solution of 10^{-7} N gave a measurable decrease in the residual activity of the silver Kryptonate. It is possible that this sensitivity could be increased even more by increasing the time the silver Kryptonate disk is immersed in a sample.

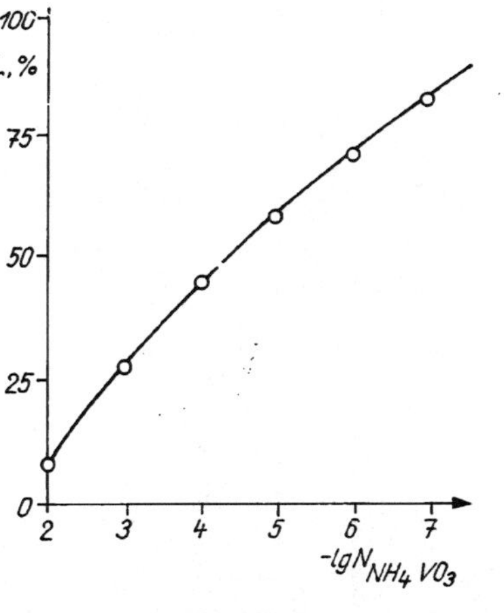

Fig. 6. Calibration curve for vanadate determination

It is somewhat surprising that the vanadate method seems more sensitive than the analogous dichromate method, even though the difference in electrode potential is greater for the silver/dichromate system. A possible cause for this is the fact that the vanadate solutions were considerably more acidic than the dichromate solutions.

Hydrochloric acid [3, 11, 15]

Silver Kryptonate may also be used to determine the concentration of HCl solutions, using a calibration curve technique as in the above methods. However, in this case, it is more convenient to plot residual activity of the silver Kryptonate versus the logarithm of the acid concentration. Typical calibration curve is given in Fig. 7, taken from [15]. The slope of the curve suggests that the method might be useful at even lower concentrations of HCl, since a concentration of 10^{-5} N HCl still produced a decrease of about 15% in the residual activity of the silver Kryptonate.

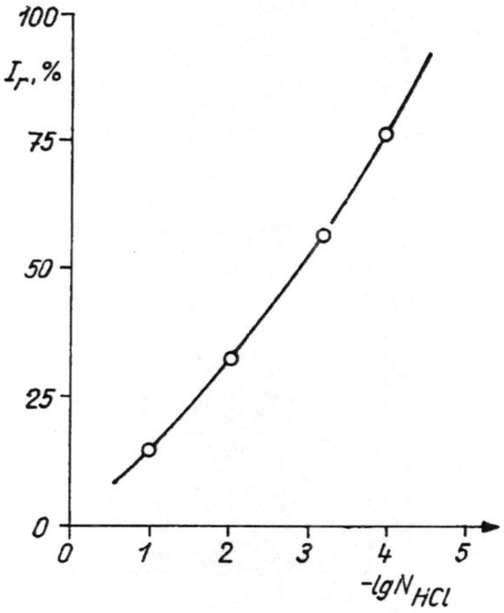

Fig. 7. Calibration curve for hydrochloric acid determination

Apparatures [7—10]

Tölgyessy, Dillinger, et al. [7—10] have developed various types of analyzers for the determination of dissolved oxygen in water (at constant *p*H), and the determination of *p*H (at constant oxygen concentration). These same analyzers can be used for the determination of various pollutants with the aid of appropriate radioactive Kryptonates. The specific activity of the radioactive Kryptonates must be high, since determinations are made on the basis of measurements of residual activity after contact with the sample.

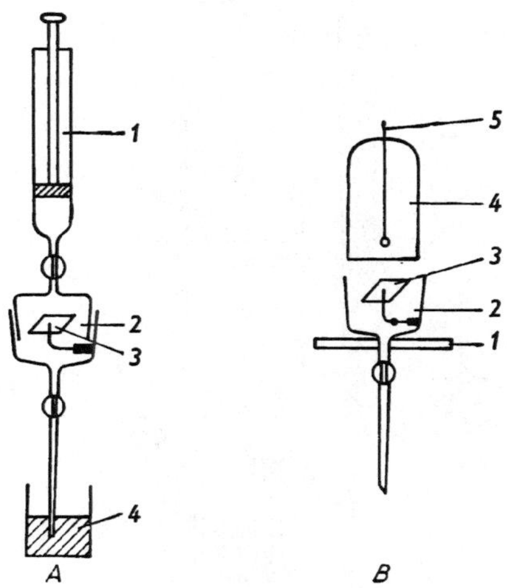

Fig. 8. Analyzer for the determination of dissolved oxygen in water based on discontinuous measurement of the residual activity of the thallium Kryptonate

A: 1 — suction device (5 ml syringe); 2 — reaction cell (2 ml); 3 — radioactive thallium Kryptonate; 4 — analyzed solution

B: 1 — reaction cell support; 2 — lower part of reaction cell; 3 — radioactive thallium Kryptonate; 4 — GM counter; 5 — connection to recording device

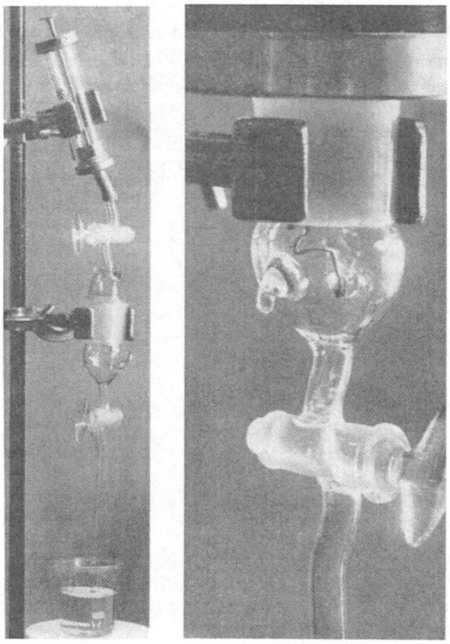

a b

Fig. 9. Photograph of apparatus illustrated in Fig. 8

Analyzer for the determination of dissolved oxygen in water, based on discontinuous measurement of the residual activity of thallium Kryptonate (Fig. 8, 9).

Procedure: The lower part of the measuring cell *2* (with the radioactive thallium in place *3*) is counted to determine the initial activity. The time necessary to accumulate 10·000 counts is recorded as t_0. With the aid of a suction device *1*, the reaction cell *2* is filled with the solution to be analyzed (2 ml). After 60 s, the solution is discharged and the cell is disassembled. The dried thallium Kryptonate is again counted for the same time, t_0. This number of counts can be used to calculate the residual activity as a percentage of the original activity. The oxygen concentration can be read from an appropriate calibration chart.

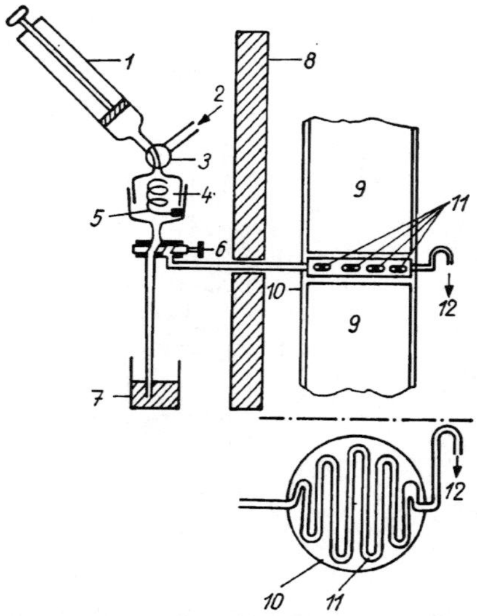

Fig. 10. Analyzer for the determination of dissolved oxygen in water by the measurement of ^{85}Kr activity in the water

1 – suction device (15 ml syringe); 2 – inlet for nitrogen or air; 3 – T-bore stopcock; 4 – reaction cell (2 ml volume); 5 – radioactive Kryptonate with homogeneous distribution (spiral form); 6 – two-way stopcock; 7 – analyzed sample; 8 – lead shielding; 9 – photomultiplier; 10 – scintillation measuring cell with a bored channel; 11 – bored channel (2 ml); 12 – outlet for analyzed solutions

Analyzer for the determination of dissolved oxygen by measurement of the activity of the water after reaction with the radioactive thallium Kryptonate (Fig. 10, 11)

Procedure: The suction device *1* is used to pull the sample *7* into the reaction cell (2 ml volume) *4*, which contains the radioactive thallium Kryptonate *5*. After a 60 s contact time, the solution is passed to the measuring cell *10*. The activity of the dissolved ^{85}Kr is measured with a scintillation detector, and the oxygen content is determined from the activity by means of a calibration curve. After measurement, the dample is discharged from the measuring cell through outlet *12*.

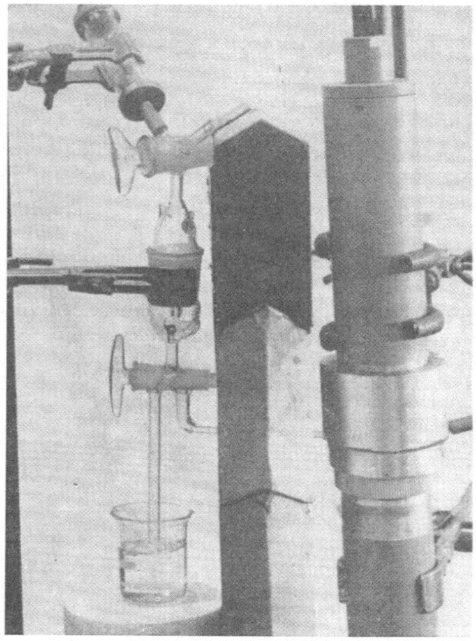

Fig. 11. Photograph of apparatus illustrated in Fig. 10

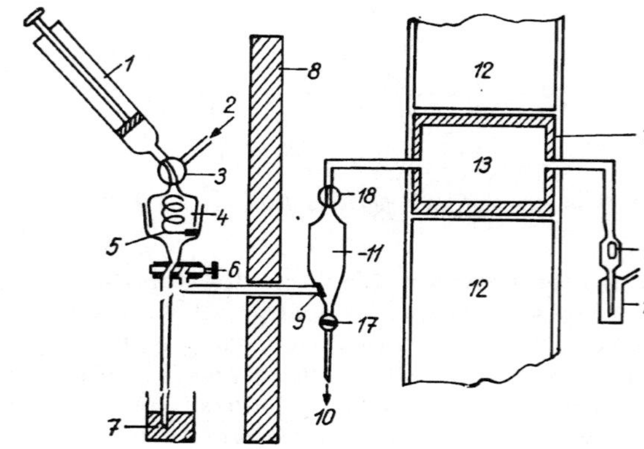

Fig. 12. Analyzer for the determination of dissolved oxygen in water by the measurement of the activity of ^{85}Kr released from the aqueous solution

Items 1–8 as in Figure 10; 9 – glass filter; 10 – outlet for analyzed solutions; 11 – cell for purging of ^{85}Kr; 12 – photomultiplier; 13 – detection cell; 14 – scintillation detector; 15 – water seal; 16 – safety valve

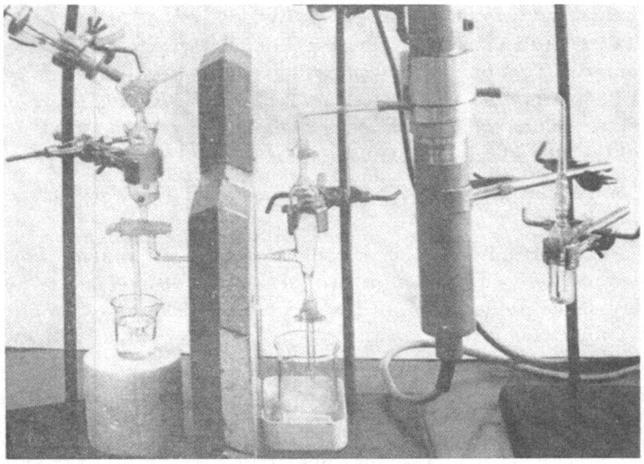

Fig. 13. Photograph of apparatus illustrated in Fig. 12

Analyzer for the determination of dissolved oxygen in water by the measurement of the activity of ^{85}Kr *released from thallium Kryptonate* (Fig. 12, 13).

Procedure: The suction device *1* is used to pull the sample to the reaction cell *4* (2 ml volume), which contains the thallium Kryptonate *5*. After 60 s, the solution is passed to the purging cell *11* (2·5 ml volume), using pressure applied by the suction device. Stopcock *17* is closed and stopcock *18* is opened. Nitrogen gas is used (through inlet *2* and valve *3*) to purge the gaseous ^{85}Kr from the aqueous sample into the detection cell *13*. After purging, stopcock *18* is closed, and the activity of the gasous ^{85}Kr in the detection chamber is measured. After measurement, the aquous sample is discharged from the purging cell *11*, through stopcock *17*. The observed activity is used to determine dissolved oxygen by means of a calibration curve.

J. Tölgyessy
Department of Environmental Chemistry and Technology, Slovak Technical University, Bratislava, ČSSR

E. H. Klehr
School of Civil Engineering and Environmental Science, University of Oklahoma, Norman, Oklahoma, USA

P. Dillinger
Department of Chemical and Technical Physics and Nuclear Techniques, Slovak Technical University, Bratislava, ČSSR

M. Harangozó
Department of Analytical Chemistry, Pharmaceutical Faculty, Comenius University, Bratislava, ČSSR

Received January 23, 1980

References

[1] *E. H. Klehr, J. Tölgyessy, M. M. Naoum, J. Pružinec*, Isotopenpraxis **14** (1978) 393
[2] *J. Tölgyessy, Š. Varga*, Nuclear Analytical Chemistry, II, Radioactive Indicators in Chemical Analysis, University Park Press and Publishing House of the Slovak Academy of Sciences, Bratislava, 1972
[3] *J. Tölgyessy, Š. Varga, E. H. Klehr*, Radioisotopy **15** (1974) 623
[4] *J. Tölgyessy, Š. Varga*, Talanta **16** (1969) 625
[5] *J. Tölgyessy, Š. Varga*, Czechoslov. Patent 132542
[6] *J. Tölgyessy, Š. Varga*, Jaderna energie **16** (1970) 342
[7] *J. Tölgyessy, Š. Varga, P. Lukáč, P. Dillinger*, Sbornik ved. prác CHTF SVŠT (1971) 119
[8] *P. Dillinger, J. Tölgyessy*, Jaderna energie **19** (1973) 94
[9] *J. Tölgyessy, P. Dillinger*, Czechoslov. Patent 166337
[10] *P. Dillinger, J. Tölgyessy*, Czechoslov. Patent PV 8538 – 72
[11] *J. Tölgyessy, Š. Varga, V. Jesenák*, Peaceful Uses of Atomic Energy, IAEA, Vienna, Vol. **14** (1972) p. 257 – 273
[12] *J. Tölgyessy, Š. Varga, V. Jesenák, P. Lukáč, P. Dillinger*, Czechoslov. Patent 152796
[13] *J. Tölgyessy, Š. Varga, V. Jesenák, P. Lukáč, P. Dillinger*, Radiochem. Radioanal. Lett. **5** (1970) 331
[14] *J. Tölgyessy, Š. Varga, V. Jesenák, P. Lukáč, P. Dillinger*, Jaderna energie **16** (1970) 419
[15] *J. Tölgyessy, V. Jesenák, E. Koval*, J. Radioanal. Chem. **4** (1970) 13

Ein ^{137}Cs-^{137m}Ba-Schulgenerator

(D13) INIS DESCRIPTORS:

barium 137; cesium 137; education; radioisotope generators

Schulgeneratoren, Radioisotopengeneratoren im Bereich der gesetzlich festgelegten Freigrenze an Radioaktivität, eröffnen eine neue interessante Variante zur Demonstrierung der Radioaktivität und ihrer Eigenschaften. Es besteht die Möglichkeit, mit diesen Generatoren Nuklide mit kurzer Halbwertszeit zu gewinnen, was sonst nur mit Hilfe von Großgeräten, wie Kernreaktoren, Teilchenbeschleunigern oder Neutronengeneratoren möglich ist. Der Schulgenerator stellt somit eine Erweiterung des bereits im Handel befindlichen Schulquellensatzes dar. Beim Umgang mit Radioaktivitäten unterhalb der Freigrenze liegen die zu erwartenden Belastungswerte der Mitarbeiter durch radioaktive Strahlung weit unterhalb der gesetzlich festgelegten Normen. Nach § 7 der Strahlenschutzverordnung und § 10 der 1. Durchführungsbestimmung der Strahlenschutzverordnung [1] sind diese Generatoren und der Umgang mit ihnen nicht genehmigungspflichtig.

Die unter [1] genannten gesetzlichen Normen müssen jedoch gewährleistet sein.

Radioisotopengeneratoren sind seit 1960 bekannt. Sie werden in den verschiedensten Bereichen, besonders aber in der Nuklearmedizin zur Bereitstellung kurzlebiger Radioisotope für diagnostische Untersuchungen eingesetzt.

Ein Radioisotopengenerator (Abb. 1) enthält in einer Säule ein an ein Sorbens fixiertes Radionuklid. Dieses Radionuklid muß die Eigenschaft haben, über eine Zwischenstufe – ein metastabiles Tochternuklid – in ein stabiles Nuklid zu zerfallen. Dieses metastabile Nuklid entsteht aus dem Ausgangsnuklid – dem Mutternuklid.

Beide, das Mutter- und das Tochternuklid, befinden sich im radioaktiven Gleichgewicht. Das obengenannte Sorbens muß so ausgewählt werden, daß einerseits das Mutternuklid quantitativ und fest gebunden ist, aber andererseits das Tochternuklid rasch, einfach und wiederholbar abgetrennt werden kann. Nach erneuter Gleichgewichtseinstellung kann das Tochternuklid wieder abgetrennt werden. Günstig sind besonders die Mutter — Tochter — Nuklidsysteme, bei denen das Mutternuklid sehr langlebig und das Tochternuklid sehr kurzlebig ist (Tab. 1).

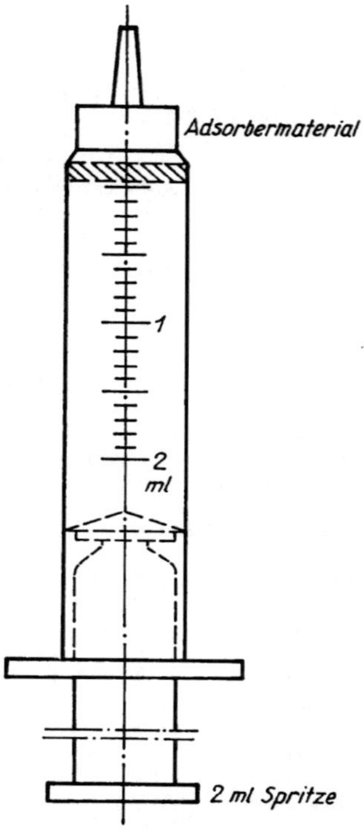

Abb. 1. Modell des Schulgenerators

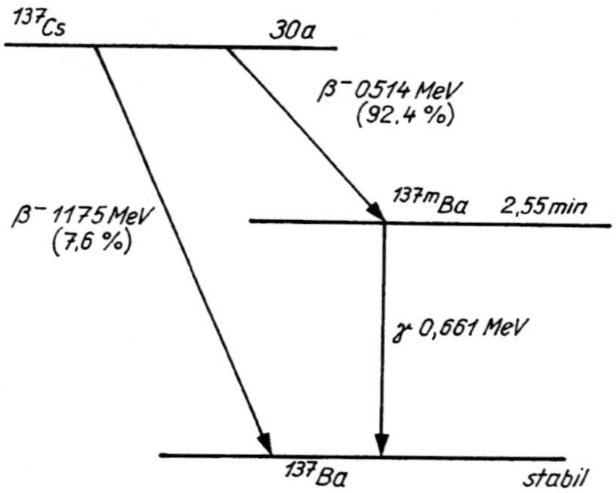

Abb. 2. Umwandlungsschema
Bitte beachten: Statt 0514 und 1175 MeV lies 0,514 und 1,175 MeV

Weiterhin muß die Zerfallsausbeute des Tochternuklids hoch liegen.

Die Abtrennung — Elution — erfolgt mit einem Lösungsmittel — Elutionsmittel. Das durch die Säule gelaufene Elutionsmittel — das sogenannte Eluat — enthält das kurzlebige Tochternuklid in trägerfreier, das heißt in nicht wägbarer Menge des Elementes.

In Ergänzung zum Unterrichtsquellensatz Typ UA wurde ein ^{137}Cs-^{137m}Ba-Schulgenerator entwickelt, mit welchem Demonstrationsexperimente mit dem Radioisotop ^{137m}Ba durchgeführt werden können.

Der Generator steht in Form einer Einwegspritze zur Verfügung, in der Ammoniummolybdatophosphat (AMP) als Trägersorbens für das Mutternuklid ^{137}Cs verwendet wird. Das AMP wird in sphärischer Form, an eine Silicagelmatrix gebunden, verwendet [2].

Das durch radioaktiven Zerfall von ^{137}Cs entstehende ^{137m}Ba kann mit dem Elutionsmittel (0,1 N HNO_3/0,1 N NH_4NO_3) eluiert werden. Dabei verbleibt das ^{137}Cs quantitativ am AMP.

Die Elution des Generators erfolgt durch Aufsaugen des Elutionsmittels mit aufgesteckter Kanüle bis zur 2-ml-Markierung und nachfolgendem Ausdrücken der Lösung. Beim sofortigen Ausdrücken des Elutionsmittels bis zum unteren Anschlag werden ca. 50% des eluierbaren ^{137m}Ba abgetrennt. Nach 20 min Verweilzeit des Elutionsmittels in dem Schulgenerator kann die Elutionsausbeute auf ca. 95% gesteigert werden.

Bei diesem Generator kommt es im Gegensatz zu anderen Generatorsystemen zu einer doppelten Elution, d. h., das Elutionsmittel passiert zweimal das Sorbens, einmal beim Ansaugen und einmal beim Ausdrücken. Diese abgetrennte Ba-Aktivität (max. 34 kBq ≙ 0,92 μCi) liegt in etwa 2 ml Elutionsmittel vor und steht für Experimente zur Verfügung. Da sich der Schulgenerator nach 10—12 min wieder im radioaktiven Gleichgewicht befindet, kann er nach dieser Zeit erneut eluiert werden. Weiterhin besteht die Möglichkeit, den angeklungenen Generator auch als Konstantstrahlenquelle zu benutzen.

Folgende Experimente bieten sich bei entsprechendem technischen Zubehör zusätzlich zu den im von Isocommerz GmbH herausgegebenen Heft zum Unterrichtsquellensatz Typ UA genannten an [3]:

Tab. 1. Mutter — Tochter-Nuklidsysteme, die für Schulgeneratoren geeignet sind:

Generatorsystem	Eigenschaften des Mutternuklids			Eigenschaften des Tochternuklids		
	Nuklid	Halbwertszeit	Strahlenart und Energie, MeV	Nuklid	Halbwertszeit	Strahlenart und Energie, MeV
^{137}Cs — ^{137m}Ba	^{137}Cs	30,0 a	β^- 0,5; 1,2	^{137m}Ba	2,55 m	γ 0,66
^{113}Sn — ^{113m}In	^{113}Sn	115 d	γ 0,26	^{113m}In	1,66 h	γ 0,39
^{99}Mo — ^{99m}Tc	^{99}Mo	66,7 h	β^- 1,23 γ 0,74; 0,18	^{99m}Tc	6,0 h	γ 0,14

1. Generatorelution, wobei die Trennung der Isotope ^{137}Cs und ^{137m}Ba demonstriert werden kann. Unter Verwendung entsprechender Detektoren kann ^{137}Cs als β-Strahler auf demGenerator und ^{137m}Ba als γ-Strahler im Eluat nachgewiesen werden ($E_\gamma = 0{,}661$ MeV).

2. Unter Verwendung des Eluates kann die Halbwertszeit von ^{137m}Ba durch Aufstellung einer Abklinkgurve graphisch, d. h. durch Auftragen der Aktivität bzw. der Impulsrate/Zeiteinheit über der Zeit, ermittelt werden. Dabei erfolgt die Messung der Radioaktivität zu verschiedenen Zeitpunkten.

3. Gleichgewichtseinstellung des Generators nach Elution erfolgt durch γ-Aktivitätsmessung am Generator. Dabei ist der Anstieg der ^{137m}Ba-Aktivität bis zur Gleichgewichtseinstellung nachweisbar.

H.-J. Lincke

Zentralinstitut für Kernforschung Rossendorf der AdW der DDR, Bereich Radioaktive Isotope

Eingegangen am 31. 1. 1980

Literatur

[1] Strahlenschutzverordnung und 1. Durchführungsbestimmung. GBL Teil II, Nr. 99 vom 18. Dez. 1969

[2] *J. Doležal, J. Stigskal, M. Tympl, V. Kouřim*, J. Radioanal. Chem. **21** (1975) 381

[3] Kernphysikalische Experimente mit dem radioaktiven Unterrichtsquellensatz Typ UA. Schriftenreihe Heft 6. Anwendung von Isotopen und Kernstrahlung in Wissenschaft und Technik. Isocommerz 1974

Informationen

IAEA/Österreich. Vom 18. bis 22. Februar 1980 fand im Wiener Internationalen Zentrum ein Symposium über die Handhabung der in Kernanlagen anfallenden gasförmigen radioaktiven Abfälle statt, an dem rund 200 Vertreter aus 28 Mitgliedstaaten der Internationalen Atomenergie-Agentur (IAEA), der Kernenergie-Agentur der Organisation für wirtschaftliche Zusammenarbeit und Entwicklung (NEA/OECD) und der Kommission der Europäischen Gemeinschaften (CEC) teilnahmen.

Die letzte internationale Tagung auf dem Gebiet der Handhabung gasförmiger Abfallprodukte war ein von der IAEA und der Atomenergie-Kommission der USA gemeinsam veranstaltetes Symposium über die Behandlung von luftbeförderten radioaktiven Rückständen, das 1968 in New York stattgefunden hat.

Über die seither erzielten Forschungsergebnisse und gesammelten praktischen Erfahrungen in Kernkraftwerken, Wiederaufarbeitungsanlagen und Verbrennungsanlagen sowie beim Einsatz von Verfahren zur Verfestigung flüssiger Abfälle wurde auf dem Symposium in Wien berichtet.

IAEA/Österreich. Die abschließende Plenarkonferenz der internationalen Studie über den Kernbrennstoffkreislauf (INFCE) fand vom 25. bis 27. Februar 1980 in der Wiener Hofburg statt. 59 Staaten und 6 internationale Organisationen waren vertreten. Die Delegierten wählten den Leiter der japanischen Delegation, *A. Yatabe*, zum Präsidenten der abschließenden Konferenz.

Die Studie über den Brennstoffkreislauf wurde mit einer Organisationskonferenz eingeleitet, die im Oktober 1977 in Washington stattfand. Alle an der Studie interessierten Staaten und mit der Materie befaßten internationalen Gremien waren zur Teilnahme eingeladen, und 66 Staaten sowie 5 internationale Organisationen machten von dieser Möglichkeit Gebrauch.

Die Studie war auf 8 Arbeitsgruppen aufgeteilt, die für bestimmte Aspekte des Brennstoffkreislaufs verantwortlich waren: 1. Versorgung mit Brennstoff und schwerem Wasser, 2. Anreicherungsdienste; 3. Langfristige Garantien für die Versorgung mit Technologien, Brennstoff und schwerem Wasser sowie für Dienstleistungen im Interesse des Bedarfs der einzelnen Staaten und in Vereinbarkeit mit der Verhütung der Kernwaffenausbreitung; 4. Wiederaufarbeitung, Umgang mit Plutonium und Wiederverwendung; 5. Schnelle Brüter; 6. Umgang mit abgebranntem Brennstoff; 7. Entsorgung; 8. Fortschrittliche Konzepte für Brennstoffkreislauf und Reaktoren. Jede Arbeitsgruppe wurde von drei, manchmal zwei Ländern organisiert, die gemeinsam den Vorsitz übernahmen. Insgesamt waren an den Arbeitsgruppen 519 Experten aus 46 Ländern und von 5 internationalen Organisationen beteiligt. Während der zweijährigen Laufzeit der Studie hielten sie 61 Sitzungen ab und erarbeiteten Unterlagen mit einem Umfang von über 20000 Seiten.

Mit der fachlichen Koordinierung der Studie wurde ein Technischer Koordinationsausschuß, bestehend aus den 22 Vorsitzenden der Arbeitsgruppen, beauftragt. Unter dem Vorsitz von *A. Chayes* arbeitete er, wie es auf der ersten Plenarkonferenz (Wien, November 1978) beschlossen worden war, eine Zusammenfassung und Übersicht über die Studie aus.

Auf der abschließenden Plenarkonferenz legten die Arbeitsgruppen ihre Berichte vor. Daran schloß sich eine allgemeine Debatte an, in deren Verlauf sich die Delegationen über die Berichte, die Durchführung der Studie und die künftige Entwicklung äußerten.

Die Teilnehmer der Konferenz gelangten zu dem Schluß, daß die Studie ihren Zweck erfüllt habe. Es seien Mittel und Wege gefunden worden, zuverlässigere Garantien für die künftige Versorgung im Nuklearbereich zu geben, gleichzeitig aber die Gefahr einer Kernwaffenausbreitung auf ein Mindestmaß zu reduzieren. Dies setze internationale Zusammenarbeit voraus, unter anderem technische, juristische und organisatorische Maßnahmen sowie eventuelle Neuerungen auf dem Gebiet der Sicherheitskontrolle. Auftragsgemäß seien die besonderen Bedürfnisse der Entwicklungsländer analysiert und Maßnahmen angegeben worden, welche die Staaten durch die IAEA ergreifen könnten, sowie andere Möglichkeiten, diesen Bedürfnissen gerecht zu werden.

Im Anschluß an die Debatte faßte die abschließende Plenarkonferenz u. a. folgende Beschlüsse:

1. Sie übernahm die Berichte der Arbeitsgruppen sowie die Zusammenfassung und Übersicht zur Studie, um sie den Regierungen der beteiligten Staaten zu übermitteln, damit diese sie beim Ausbau ihrer Kernenergiepolitik und bei internationalen Gesprächen über nukleare Zusammenarbeit

sowie über die dazugehörigen Kontroll- und Sicherheitsmaßnahmen in Betracht ziehen können. Sie beschloß ferner, daß die Berichte allen an der friedlichen Nutzung der Kernenergie interessierten Regierungen, internationalen Organisationen und Konferenzen zur Verfügung gsetellt werden sollen.

2. Sie entschied, daß die internationale Studie über den Kernbrennstoffkreislauf abgeschlossen ist, und verabschiedete die Arbeitsgruppen und den Technischen Koordinationssausschuß.

3. Sie dankte der IAEA für die hervorragende technische und administrative Betreuung der Studie.

Abschließend stellte die Konferenz fest, die Ergebnisse der Studie hätten die Ansicht bekräftigt,

— daß die Kernenergie voraussichtlich bei der Deckung des Energiebedarfs der Welt eine immer größere Rolle spielen wird und deshalb zu diesem Zweck allgemein zur Verfügung stehen sollte;

— daß wirksame Maßnahmen ergriffen werden können und müssen, um den spezifischen Bedürfnissen der Entwicklungsländer im Bereich der friedlichen Nutzung der Kernenergie gerecht zu werden und

— daß wirkungsvolle Maßnahmen ergriffen werden können und müssen, um die Gefahr einer Kernwaffenverbreitung auf ein Mindestmaß herabzusetzen, ohne die Energieversorgung oder die Entwicklung der friedlichen Nutzung der Kernenergie zu beeinträchtigen.

Buchbesprechungen

Funktionelle Diagnostik in der Orthopädie

66. Tagung der Deutschen Gesellschaft für Orthopädie und Traumatologie, Basel 26.—29. 9. 1979 (III. Hauptthema)

Hrsg. E. Morscher, Stuttgart: Ferdinand Enke Verl. 1979; 248 S., 167 Abb., 28 Tab., DM 59,—

Ein Hauptthema der 66. Tagung der Deutschen Gesellschaft für Orthopädie und Taaumatologie 1979 war „Funktionelle Diagnostik in der Orthopädie". Die zu diesem Thema gehaltenen 71 Vorträge wurden im vorliegenden Band zusammengefaßt. Die besprochene Thematik besitzt große praktische Bedeutung, da die Erkennung der Funktionsstörung eines Körperteils die Voraussetzung für die optimale Therapie darstellt. Die Zusammenstellung der Vorträge unter 5 Hauptgesichtspunkten gewährleistet einen umfassenden Überblick. Die klinisch-praktischen Untersuchungsmethoden beziehen sich auf die Wirbelsäule und die Gelenke der oberen und unteren Extremitäten. Weitere Kapitel enthalten Vorträge zur Ganganalyse und zur Arthroskopie,. Den größten Umfang haben radiologische, nuklearmedizinische und andere physikalische Untersuchungsmethoden. Besonders hervorzuheben sind hier die quantifizierende Skelettszintigraphie, die Computertomographie u. a. Methoden, die auch in der Orthopädie Eingang gefunden und wesentlich zur Weiterentwicklung des Fachgebietes beigetragen haben. Dabei spielt die interdisziplinäre Zusammenarbeit eine besonders große Rolle. Interesaante Möglichkeiten zur Lockerungsbeurteilung von Hüftendoprothesen besitzen hohe aktuelle praktische Bedeutung. Schließlich erfolgt die Darstellung seltener funktionell-diagnostischer Untersuchungsmethoden, die bei speziellen Fragestellungen zur Anwendung kommen können.

Der vorliegende Kongreßband informiert über aktuelle Möglichkeiten der funktionellen Diagnostik in der Orthopädie, wobei zahlreiche hervorragende fotographische und Röntgenaufnahmen sowie Skizzen und Tabellen die Anschaulichkeit und den Wert erhöhen. Das Buch kann allen interessierten Orthopäden und Radiologen empfohlen werden.

J. Mach

Advances in Radiation Protection Monitoring
Proceedings of a Symposium, Stockholm 26.—30. Juni 1978

IAEA, Wien, 1979, 784 S., STI/PUB/494, div. Abb. u. Tab.; karton. ÖS. 1130,—.

Die Entwicklung der Nutzung der Kernenergie erfordert parallellaufend die Entwicklung aller Gebiete des Strahlenschutzes, um der ICRP-Zielstellung, die Strahlenbelastungen so niedrig zu halten wie mit vernünftigem Aufwand erreichbar ist, entsprechen zu können. Die Strahlenschutzüberwachung liefert die Daten, die Auskunft geben über die Strahlenbelastung der beruflich Strahlenexponierten, der Anlieger von Kernanlagen und der Bevölkerung insgesamt. Die Meßtechnik in der Strahlenschutzüberwachung ist, um diese Aufgaben zu erfüllen, sehr vielseitig entwickelt und ständig Gegenstand der Weiterentwicklung, wobei der Einsatz der Rechentechnik in der Strahlenschutzüberwachung zu neuen Interpretationsmöglichkeiten und zu großer Rationalisierung im Überwachungsaufwand führt.

Das IAEA-Symposium zeigte die Fortschritte dieser Entwicklung, wobei nicht die Suche nach neuen Detektionsprinzipien den Schwerpunkt bildete, sondern die Weiterführung bekannter Entwicklungen hinsichtlich der Erhöhung der Empfindlichkeit und der Zuverlässigkeit, die Verbesserung der Bestimmung der Neutronenstrahlenbelastung durch Erweiterung der Information über das Neutronenspektrum, vergleichende Untersuchungen nationaler Entwicklungen von Neutronendosimetern und Einsatz von Mikrorechnern in Spektrometersystemen in Monitoren zur Luftaktivitätskontrolle sowie in Überwachungsprogrammen von Kernanlagen oder radiochemischen Laboratorien.

Die insgesamt 58 Vorträge teilten sich nach einer Einführung in die Problematik durch den Pionier des Strahlenschutzes, *K. Z. Morgan*, in die folgenden Sachgebiete auf:

— Kontrolle der äußeren Bestrahlung mit Schwerpunkt individuelle Belastungskontrolle und Neutronendosimetrie;
— Kontaminationskontrolle von Laborluft und Abluft;
— Kontrolle auf Radon, Thoron und ihre Folgeprodukte in der individuellen Atemsphäre sowie in Arbeits- und Wohnbereichen;
— Kontrolle der inneren Kontamination durch Körperstrahlungsmessung;
— Überwachungsprogramme von Kernanlagen und Einsatz von Prozeßrechnern in Meßlabors;
— Kalibrierung von Meßgeräten.

Dieser Tagungsbericht ist für den Strahlenschutzmeßtechniker und den Strahlenschutzbeaufgtragten ein Lehrbuch, dem Strahlenschutzphysiker vermittelt er wesentliche methodische Hinweise.

W. Roßbander

of radioisotope metering gauges we would mention the FMM 24 004 thickness gauge. In the present work, out of the multiplicity of regulations, specifications and boundary conditions to be observed when developing such gauges some essential aspects are mentioned without claiming completeness, of course.

E. Lehmann, O. Hladik, H. Friedrich

Description of an Apparatus for Extreme Evaporation of Special Solutions

Isotopenpraxis **16** (1980) No. 8, p. 260 to 262
2 Fig., – Tab., – Ref.

This paper describes a method for extreme evaporating with good yields concerning soluted matter. Some problems and the construction of the equipment are described in detail.
The working object are radioactive solutions from nuclear engineering.

W. Łojek, S. Kossakowski

Effect of Different Doses of Ionizing Radiation on the Distribution of ^{137}Caesium in Rabbits (*in English*)

Isotopenpraxis **16** (1980) No. 8, p. 263 to 268
– Fig., 4 Tab., 39 Ref.

Investigations were carried out on 180 rabbits irradiated with doses of 400, 800 and 1200 R and next contaminated intravenously with ^{137}Cs, 1 or 6 days after irradiation. Radioactivity of muscles and internal organs of the rabbits was determined at different periods. It has been found that the course of radiocaesium distribution in irradiated rabbits was slower and it remaind on a lower level that in the control animals and its retention in the organism was prolonged. These changes depended mainly on the dose of ionizing radiation and contamination time after irradiation.

From Practice

J. Toelgyessy, E. H. Klehr, P. Dillinger, M. Harangozo

The Use of Radio-Release Methods for the Determination of Some Water Pollutants (*in English*)

Isotopenpraxis **16** (1980) No. 8, p. 268 to 273
13 Fig., – Tab., 15 Ref.

R.-J. Lincke

A ^{137}Cs-^{137m}Ba-Training Generator

Isotopenpraxis **16** (1980) No. 8, p. 273 to 275
2 Fig., 1 Tab., 3 Ref.

Information

Isotopenpraxis **16** (1980) No. 8, p. 275 to 276

New Books

Isotopenpraxis **16** (1980) No. 8, p. 276

Примером применения в промышленных процессах изотопного измерительного прибора является аппаратура для измерения веса на единицу площади типа ФММ 24004. В настоящей работе из множества соблюдаемых в связи с разработкой таких приборов постановлений, предписаний и краевых условий представляются некоторые существенные аспекты, не претендуя конечно на полноту.

Е. Леманн, О. Хладик, Х. Фридрих

Описание аппарата для высокостепенного выпаривания специальных растворов

Isotopenpraxis **16** (1980) вып. 8, стр. 260 до 262
2 рис., – табл., – лит.

В докладе описывается принципиальный способ высокостепенного выпаривания с большим выходом растворенного вещества а также принадлежащее к этому конструктивное решение. Определенные детальные проблемы подробно изложены. Рабочими веществами являются радиоактивные водянные растворы, имеющие место в процессах ядерной техники

В. Лоек, С. Коссаковский

Влияние различных доз ионизирующего излучения на распределение ^{137}Cs в кроликах (*на англ. языке*)

Isotopenpraxis **16** (1980) вып. 8, стр. 263 до 268
– рис., 4 табл., 39 лит.

На 180 кроликах, облученных дозами в 400, 800 и 1200 R с последующей внутривенной аппликацией ^{137}Cs, за 1 и 6 дней после облучения были выполнены исследования. По истечению различных периодов времени была определена радиоактивность мышец и внутренних органов. Было установлено, что в облученных кроликах распределение радиоактивного цезия прошло более медленно и на более низком уровне, чем у контрольных животных, и что время пребывания в организме было более длительное. Данные изменения в основном зависят от дозы ионизурующего излучения, а также от длительности загрязнения после облучения.

Из практики

И. Тельдьесси, Е. Х. Клерь, П. Диллингер, М. Харангозо

Применение методов радио-релиз для определения некоторых веществ, загрязняющих воду (*на англ. языке*)

Isotopenpraxis **16** (1980) вып. 8, стр. 268 до 273
13 рис., – табл., 15 лит.

Х.-И. Линке

Учебный генератор по ^{137}Cs—^{137m}Ba

Isotopenpraxis **16** (1980) вып. 8, стр. 273 до 275
2 рис., 1 табл., 3 лит.

Новости

Isotopenpraxis **16** (1980) вып. 8, стр. 275 до 276

Новая литература

Isotopenpraxis **16** (1980) вып. 8, стр. 276

Contents of this Issue

Articles

From Practice

FSC
www.fsc.org
MIX
Papier | Fördert gute Waldnutzung
FSC® C083411

Zeitfracht Medien GmbH
Ferdinand-Jühlke-Straße 7
99095 Erfurt, Deutschland
produktsicherheit@kolibri360.de